Schneider Druckluft GmbH (Hrsg.)

Druckluft im Handwerk

Schneider Druckluft GmbH (Hrsg.)

# Druckluft im Handwerk

Ein „Druckluft-Spar-Buch"

Mit 130 Abbildungen und 25 Tabellen

PRAXIS

VIEWEG+
TEUBNER

Bibliografische Information der Deutschen Nationalbibliothek
Die Deutsche Nationalbibliothek verzeichnet diese Publikation in der
Deutschen Nationalbibliografie; detaillierte bibliografische Daten sind im Internet über
<http://dnb.d-nb.de> abrufbar.

Autor: Dr. Hartmut Frei

1. Auflage 2011

Alle Rechte vorbehalten
© Vieweg+Teubner Verlag | Springer Fachmedien Wiesbaden GmbH 2011

Lektorat: Christian Kannenberg

Vieweg+Teubner Verlag ist eine Marke von Springer Fachmedien.
Springer Fachmedien ist Teil der Fachverlagsgruppe Springer Science+Business Media.
www.viewegteubner.de

Das Werk einschließlich aller seiner Teile ist urheberrechtlich geschützt. Jede Verwertung außerhalb der engen Grenzen des Urheberrechtsgesetzes ist ohne Zustimmung des Verlags unzulässig und strafbar. Das gilt insbesondere für Vervielfältigungen, Übersetzungen, Mikroverfilmungen und die Einspeicherung und Verarbeitung in elektronischen Systemen.

Die Wiedergabe von Gebrauchsnamen, Handelsnamen, Warenbezeichnungen usw. in diesem Werk berechtigt auch ohne besondere Kennzeichnung nicht zu der Annahme, dass solche Namen im Sinne der Warenzeichen- und Markenschutz-Gesetzgebung als frei zu betrachten wären und daher von jedermann benutzt werden dürften.

Umschlaggestaltung: KünkelLopka Medienentwicklung, Heidelberg
Satz: FROMM MediaDesign, Selters/Ts.
Druck und buchbinderische Verarbeitung: MercedesDruck, Berlin
Gedruckt auf säurefreiem und chlorfrei gebleichtem Papier.
Printed in Germany

ISBN 978-3-8348-1521-7

# INHALTSVERZEICHNIS

Vorwort .................................................................................................. 7
Danksagung ........................................................................................... 8
Symbole ................................................................................................. 8
Herausgeber .......................................................................................... 9
Autor ..................................................................................................... 9

**1. Druckluftanwendungen im Handwerk ........................................ 10**
    1.1. Druckluftwerkzeuge und deren Anwendung von A-Z ............... 11
    1.2. Druckluft als Steuermedium ...................................................... 42
    1.3. Druckluft zum Trocknen oder Kühlen ....................................... 45
    1.4. Sonstige Anwendungen ............................................................ 45

**2. Bedeutung der Luftqualität ......................................................... 52**
    2.1 Druck ......................................................................................... 53
    2.2 Partikel, Wasser- und Ölgehalt ................................................. 53
    2.3 Sterile Druckluft ......................................................................... 55

**3. Die Drucklufterzeugung ............................................................... 58**
    3.1 Mobile Kolbenkompressoren .................................................... 63
    3.2 Stationäre Kolbenkompressoren .............................................. 70
    3.3 Stationäre Schraubenkompressoren ....................................... 73
    3.4 Sonstige Kompressoren ............................................................ 76
    3.5 Auswahlkriterien für einen Kompressor ................................... 78

**4. Aufbereitung von Druckluft ......................................................... 80**
    4.1 Druckluft trocknen ..................................................................... 81
    4.2 Druckluft filtern .......................................................................... 84
    4.3 Wartungseinheiten .................................................................... 86
    4.4 Kondensatableitung .................................................................. 87
    4.5 Kondensataufbereitung ............................................................. 89

**5. Speicherung und Verteilung von Druckluft .............................. 90**
    5.1 Druckluftbehälter ....................................................................... 91
    5.2 Rohrleitungen ............................................................................ 93
    5.3 Verteiler und Rohrleitungsdosen .............................................. 98
    5.4 Energieampeln .......................................................................... 100
    5.5 Schläuche .................................................................................. 100
    5.6 Kupplungen ............................................................................... 104

| | | |
|---|---|---|
| **6.** | **Auslegung einer Druckluftanlage** | **108** |
| | 6.1 Aufstellung eines Kompressors | 109 |
| | 6.2 Auslegung einer Druckluftleitung | 110 |
| | 6.3 Auslegung der Filterung | 111 |
| | 6.4 Auslegung eines Kältetrockners | 111 |
| | 6.5 Auslegung eines Kolbenkompressors | 112 |
| | 6.6 Auslegung eines Schraubenkompressors | 112 |
| | 6.7 Elektrischer Anschluss | 113 |
| | 6.8 Auslegung des Behälters | 115 |
| **7.** | **Wirtschaftlichkeit der Druckluft** | **116** |
| | 7.1 Kosten der Druckluft | 117 |
| | 7.2 Möglichkeiten zur Kosteneinsparung | 119 |
| | 7.3 Wärmerückgewinnung | 125 |
| | 7.4 Drehzahlgeregelte Kompressoren | 129 |
| | 7.5 Öffentliche Fördermaßnahmen | 131 |
| **8.** | **Service – Instandhaltung** | **132** |
| | 8.1 Kompressoren | 133 |
| | 8.2 Filter | 134 |
| | 8.3 Trockner | 135 |
| | 8.4 Kondensatableiter | 135 |
| | 8.5 Kondensataufbereitung | 136 |
| | 8.6 Rohrleitungen, Schläuche | 136 |
| | 8.7 Druckluftwerkzeuge | 137 |
| | 8.8 Sonstige Druckluftverbraucher | 138 |
| **9.** | **Vorteile und Nachteile von Druckluft** | **140** |
| **10.** | **Anhang** | **144** |
| | A Einheiten und Formelzeichen der Drucklufttechnik | 146 |
| | B Luft im Allgemeinen – feuchte Luft | 150 |
| | C Schallemissionen und Geräusche | 152 |
| | D Normen, Gesetze, Vorschriften und Sicherheitsbestimmungen | 155 |
| | E Berechnungsbeispiele | 158 |
| | F Tabellenverzeichnis | 163 |
| | G Literatur | 164 |
| | H ABC der Druckluft – Fachwörter und Begriffe | 165 |
| | I Bildquellenverzeichnis | 168 |

# VORWORT

Druckluft ist eine Energieform, die ein extrem breites Anwendungsspektrum bietet und dabei Produktivität, Kraft, Präzision, Sicherheit, Verfügbarkeit und gefahrloses Handling miteinander verbindet.

Die bislang veröffentlichten Bücher über Druckluft sind entweder sehr technisch-physikalisch und deutlich industrielastig oder eher für Ingenieur-Büros zur Planung großer Druckluftanlagen geeignet. Dieses Buch wurde für alle Handwerker geschrieben, die in der täglichen Praxis Druckluft einsetzen – entweder in der Werkstatt oder auf der Baustelle. Druckluft ist aus vielen Handwerksbetrieben nicht wegzudenken und das, obwohl die Druckluft oftmals als die teuerste Energieform bezeichnet wird. Ja, Druckluft ist energieintensiv, aber teuer ist sie insbesondere dann, wenn die Druckluftanlage nicht richtig ausgelegt oder wenn sie nicht richtig gewartet ist und wenn der Betreiber die Einsparmöglichkeiten nicht ausreichend kennt.

Die Nutzung der Druckluft hat so viele Vorteile, dass es sich lohnt, ein Buch zu schreiben und zu lesen, in dem fundiert dargestellt wird, wie Druckluft im Handwerk nutzenorientiert, innovativ und verantwortungsvoll eingesetzt werden kann. Wir haben die uns zugänglichen Schriften und Bücher der letzten 20 Jahre zum Thema Druckluft (siehe Anhang G) durchforstet und praxisrelevante Themen aufgegriffen, die wir mit dem bei Schneider airsystems vorhandenen Erfahrungswissen aus 40 Jahren „Druckluft im Handwerk" angereichert und ausgebaut haben.

Wir glauben daher, dass dieses Buch für viele Anwender nützlich, informativ und unterhaltsam sein wird. Obwohl viele Fragen beantwortet werden, bleiben andere offen oder bedürfen weiterer Diskussion. In diesen Fällen laden wir jeden Leser und jede Leserin dazu ein, sich direkt an uns zu wenden:
info@tts-schneider.com

Schneider airsystems, im Januar 2011,
Dr. Hartmut Frei

# DANKSAGUNG

Dieses Buch konnte nur dadurch entstehen, dass viele Menschen mit langjähriger Erfahrung und Praxiswissen rund um das Thema „Druckluft im Handwerk" ihr Wissen zusammengelegt haben und so einen „Schatz" an gebündeltem Erfahrungswissen schufen.

Allen direkt Beteiligten und allen indirekt Beteiligten, bei denen ich Anleihe nehmen durfte, gilt mein herzlicher Dank. Dank auch an die Mitarbeiterinnen und Mitarbeiter bei Schneider airsystems, die mit ihren Beiträgen sowie in zahlreichen Diskussionen dabei geholfen haben, die Themen so verständlich wie möglich und so präzise wie nötig zu Papier zu bringen.

Ein großes Dankeschön geht an Frau Sonja Ruf, die das grundsätzliche Layout dieses Buches entwarf sowie an Frau Kyra Freris, die meine Aufschriebe unermüdlich in die entsprechende Form brachte, Ungereimtheiten in den Manuskripten ausmerzte, Sinnzusammenhänge konstruktiv hinterfragte, Bilder beschaffte und das Buch somit nach und nach zum Leben erweckte.

Und nicht zuletzt auch Dank an die Mitglieder der erweiterten Geschäftsführung bei Schneider airsystems, die Herren Ralph Raiser, Ralf Pasker, Gernot Blöchle und Christian Kneip sowie an meine Frau Elke für das kritische Korrekturlesen dieses Buches.

Dr. Hartmut Frei

## Symbole

Damit Sie von diesem Buch auf jeden Fall einen Nutzen haben (auch wenn Sie es nicht komplett von vorne nach hinten durchlesen sollten), verwenden wir folgende Symbole:

### Spar-Tipp
Hinweis, wo und wie Sie Geld sparen können.

### Profi-Tipp
Wichtiges Wissen, kompakt zusammengefasst in wenigen Worten.

**SPAR-TIPP**

Regelmäßig prüfen, dass der Fließdruck dem Auslegungsdruck des Werkzeuges entspricht. Das spart Zeit, Energie und Reparaturkosten.

**PROFI-TIPP**

Verwenden Sie in Ihrem Betrieb nicht nur die klassische Ausblaspistole, sondern wählen Sie die Ausblaspistolen anhand der Anwendung passend aus.

# HERAUSGEBER

Herausgeber dieses Buches ist die Firma Schneider Druckluft GmbH. Gegründet von Wilfried Schneider 1966 in Reutlingen, gehört sie seit 2004 zur TTS-Tooltechnic Systems-Gruppe in Wendlingen. Schneider Druckluft entwickelt, produziert und vertreibt hochwertige Produkte zur Erzeugung, Aufbereitung, Verteilung und Nutzung von Druckluft für den professionellen Anwender im Handwerk und in der Industrie. Für die Marke Schneider airsystems arbeiten über 140 Mitarbeiter, die gesamte TTS-Gruppe beschäftigt rund 2.500 Mitarbeiter.

# AUTOR

Dr. Hartmut Frei arbeitet seit über 15 Jahren in verschiedenen Positionen der TTS-Gruppe, seit 2006 im Vorstand und seit 2008 zusätzlich als Geschäftsführer der Schneider Druckluft GmbH. Von seiner Ausbildung her ist Dr. Frei Diplomphysiker, promoviert hat er zum Dr.-Ing. an der Universität Karlsruhe im Bereich Werkstoffkunde. Elektro- und Druckluftwerkzeuge, die er in seiner Freizeit auch gerne selbst benutzt, begleiten seine gesamte berufliche Laufbahn.

# 1 DRUCKLUFTANWENDUNGEN IM HANDWERK

Druckluft ist atmosphärische Luft in verdichtetem Zustand. Sie enthält gespeicherte Energie, die sich durch Entspannung als Arbeit nutzen lässt. Druckluft wird daher in Industrie und Handwerk als Energieträger wie Strom aus der Steckdose verwendet. Nur mit dem großen Unterschied, dass die überwiegende Zahl der Handwerksbetriebe ihren Strom nicht selbst erzeugt, ihre Druckluft dagegen schon. Somit müssen Handwerker nicht unbedingt wissen, wie ein Kraftwerk funktioniert, sie sollten aber Bescheid wissen über die Erzeugung, die Aufbereitung, die Verteilung und die Nutzung der Druckluft, die in ihrem Betrieb Verwendung findet. Für alle Anwendungen ist die bedarfsgerechte Versorgung mit der notwendigen Menge und Qualität an Druckluft die Voraussetzung für einen zuverlässigen, störungsfreien und kostenoptimierten Betrieb. Bei allen im Nachfolgenden beschriebenen Produkten, die zu einem Druckluftsystem gehören, gilt wie überall im täglichen Leben der Grundsatz, dass ein auffallend niedriger Preis Anlass zur Vorsicht und zum kritischen Zweifel sein sollte. Schon Ende des 19. Jahrhunderts schrieb dazu der Engländer John Ruskin ein auch heute noch gültiges „Gesetz der Wirtschaft":

„Es gibt kaum etwas auf dieser Welt, das nicht irgend jemand ein wenig schlechter machen und etwas billiger verkaufen könnte, und die Menschen, die sich nur am Preis orientieren, werden die gerechte Beute solcher Machenschaften. Es ist unklug, zu viel zu bezahlen, aber es ist noch schlechter, zu wenig zu bezahlen. Wenn Sie zu viel bezahlen, verlieren Sie etwas Geld. Das ist alles. Wenn Sie dagegen zu wenig bezahlen, verlieren Sie manchmal alles, da der gekaufte Gegenstand die ihm zugedachte Aufgabe nicht erfüllen kann. Das Gesetz der Wirtschaft verbietet es, für wenig Geld viel Wert zu erhalten. Nehmen Sie das niedrigste Angebot an, müssen Sie für das Risiko, das Sie eingehen, etwas hinzurechnen. Und wenn Sie das tun, dann haben Sie auch genug Geld, um für etwas Besseres zu bezahlen."

Und als Handwerker geht es bei Anlagen und Maschinen ja nicht nur um Geld, das Sie verlieren können, wenn die Qualität nicht stimmt, sondern auch um Ihren guten Ruf, z. B. wenn die Einhaltung zugesagter Termine aufgrund von Anlagenstörungen oder Maschinenausfällen gefährdet wird. Oder wenn einfach das Arbeitsergebnis nicht stimmt, weil eine Maschine die Genauigkeit nicht bringt, die der Kunde erwartet.

Eine gute Druckluftanlage und gute Druckluftwerkzeuge unterstützen Handwerker bei ihrer täglichen Arbeit.

## 1.1 Druckluftwerkzeuge und deren Anwendung von A bis Z

Werkzeuge, die mit Druckluft angetrieben werden, bieten beste Voraussetzungen, damit Arbeiten im Handwerk effektiv, effizient, komfortabel und mit guten Arbeitsergebnissen erledigt werden. Vielfach bieten Druckluftwerkzeuge interessante Vorteile gegenüber Elektrowerkzeugen, wenn man die jeweilige Anwendung genau kennt. Druckluftwerkzeuge können z. B. leichter oder handlicher oder robuster oder sicherer sein. Daher ist auch die Auswahl an Druckluftwerkzeugen nahezu unerschöpflich und wir müssen uns hier auf die Beschreibung der gängigen Werkzeuge von A bis Z beschränken. Finden Sie das Werkzeug für Ihre Anwendung nicht beschrieben, so fragen Sie Ihren Werkzeughändler, ob es nicht doch eine Druckluftlösung gibt.

### 1.1.1 Ausblaspistolen

Bild 1
„Klassische" Ausblaspistole
(Quelle: Schneider Druckluft GmbH)

Bild 2
Ausblaspistole mit gummiummantelter Düsenspitze zum Schutz empfindlicher Oberflächen und mit Kunststoffgehäuse gegen kalte Hände
(Quelle: Schneider Druckluft GmbH)

Anwendung:
Ausblasen, Reinigen, Trocknen, Kühlen in allen Bereichen des Handwerks mit verschiedenen Düsenlängen und Düsengeometrien sowie mit und ohne Regulierung des Luftstromes, in Kunststoff und Metallausführung.

Anforderungen an die Druckluft (Druck, Menge, Qualität):

- 4–6 bar Fließdruck
- 70–350 l/min
- kondensatfrei, idealerweise getrocknet
- ölfrei

**Achten Sie bei der Auswahl insbesondere auf:**

- eine gute Ergonomie durch eine handliche und kompakte Bauform.
- ein feinfühliges Arbeiten und Dosieren durch einen leichtgängigen und stufenlos verstellbaren Abzughebel.
- vielseitige Anwendungen infolge unterschiedlicher Düsen.
- eine Aufhängeöse.
- spezielle Düsenformen, die zu einer deutlichen Geräuschreduzierung führen.
- Kunststoffgriffe, die sich auch bei längerer Anwendung nicht kalt anfühlen.

Für empfindliche Oberflächen gibt es Ausblaspistolen mit gummiummantelten Düsenspitzen. Zur Trocknung von Oberflächen sind Flachstrahldüsen gut geeignet. Außerdem gibt es unterschiedlich lange und verschieden geformte Düsenrohre für schwer zugängliche Stellen. Lange, dünne Düsenrohre machen punktuelles Arbeiten einfacher, drosseln aber auch den Luftstrom. Wenn Sie auf Sicherheit achten, bieten sich Ausblaspistolen mit „Antiblockierfunktion" an, bei denen der Luftstrom beim Aufsetzen der Düse nicht blockiert wird. Benötigen Sie besonders viel Luft, achten Sie auf eine Venturidüse, die für bis zu 100 % mehr Luftmenge sorgt, indem sie Umgebungsluft mit ansaugt. Für kleine Werkstücke oder feine Arbeiten gibt es auch sehr kleine, stiftförmige Ausblaswerkzeuge, die bei speziellen Anwendungen Vorteile haben.

## PROFI-TIPP

Verwenden Sie in Ihrem Betrieb nicht nur die gewohnte klassische Ausblaspistole, sondern wählen Sie die Ausblaspistolen anhand der Anwendung passend aus. Sie verbessern das Arbeitsergebnis, sparen Zeit und sparen Druckluft.

### 1.1.2 Bandschleifer

**Bild 3**
Bandschleifer für 10 mm breite Schleifbänder mit automatischer Schleifband-Spannvorrichtung und schwenkbarem Schleifarm

(Quelle: Schneider Druckluft GmbH)

Anwendung:
Schleifen, Entgraten, Entrosten, Entzundern in Kfz-Betrieben, im Metallbau, in der Schweißtechnik. Für verschieden breite Bänder in verschiedenen Körnungen (z. B. P80–P180); außerdem zum Verschleifen von Kehlnähten im Edelstahlgeländerbau, zum Entgraten von Ausstanzungen, zum Verschleifen von Fräsriefen.

Anforderung an die Druckluft (Druck, Menge, Qualität):

- 6,3 bar Fließdruck
- 300–800 l/min

- kondensatfrei, idealerweise getrocknet
- geölt

**Achten Sie bei der Auswahl insbesondere auf:**

- die Bandbreite (3–25 mm), je nach Anwendung.
- unterschiedliche Kontaktarme (ballig, V-förmig), um die Zugänglichkeit an entsprechend geformten Stellen zu fördern.
- einen verstellbaren und eventuell um 360° drehbaren Schleifarm, so dass Sie auch an ungünstige Stellen am Werkstück gut herankommen.

### 1.1.3 Bohrmaschinen

**Bild 4**

Bohrmaschine mit Schnellspann-Bohrfutter und Abluftschlauch

(Quelle: Schneider Druckluft GmbH)

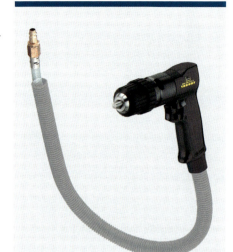

**Bild 5**

Bohrmaschine für hohe Drehmomente mit Zusatzhandgriff

(Quelle: Schneider Druckluft GmbH)

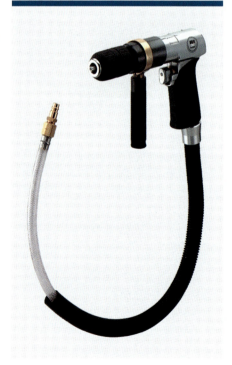

Anwendung:
Bohren, Senken, Rühren; mit Bohrfutter (z. B. 1–10 mm oder 1,5–13 mm), zum Teil mit Rechts-/Linkslauf.

Anforderung an die Druckluft (Druck, Menge, Qualität):

- 6,3 bar Fließdruck
- 300–500 l/min
- kondensatfrei, idealerweise getrocknet
- geölt

**Achten Sie bei der Auswahl insbesondere auf:**

- kompakte Bauform.
- gutes Bohrfutter mit robusten Spannbacken sowie gute Austauschbarkeit des Bohrfutters.
- hohe Drehzahl beim Bohren mit kleinen Bohrerdurchmessern oder hohes Drehmoment (langsame Drehzahl) für Werkzeuge mit großem Durchmesser bzw. Rührstäben.
- die Abluftführung, so dass die Abluft keine Späne aufwirbelt.
- einen Zusatzhandgriff bei größeren Drehmomenten zum Schutz Ihres Handgelenkes.

## 1.1.4 Drehschrauber

Anwendung:
Lösen und Befestigen von Schrauben und Muttern an Metallkonstruktionen, Fahrzeugen, Schiffen, Flugzeugen, Holzkonstruktionen sowie in der Montage bei kleinen Löse- und Anzugsmomenten (0,2 bis ca. 10 Nm)

Anforderung an die Druckluft (Druck, Menge, Qualität):

- 6,3 bar Fließdruck
- 100–300 l/min
- kondensatfrei, idealerweise getrocknet
- geölt

**Achten Sie bei der Auswahl insbesondere auf:**

- Ergonomie, kompakte Bauform.
- einfache Links-Rechts-Umschaltung.
- niedriges Gewicht.
- einfache Einstellung von Drehmomenten.

Je nach Anwendung ist eine gerade Ausführung mit Stabgriff und Aufhängebügel besser geeignet (z. B. für die Montage mit kleinen Drehmomenten) oder eine Ausführung mit Pistolengriff. Gummierte Griffe sorgen für guten Halt, gute Kälteisolierung und Schutz vor Vibrationen. Ein Abluftschalldämpfer oder ein Abluftschlauch hilft, die Geräusche unmittelbar in Personennähe zu reduzieren.

Unterschiede gibt es auch bei der Werkzeugaufnahme. Ein Schnellwechselfutter ist bei kleineren Drehmomenten eine gute Wahl.

Bild 6
Stab-Drehschrauber in gerader Ausführung mit Stabgriff und Aufhängebügel
(Quelle: Schneider Druckluft GmbH)

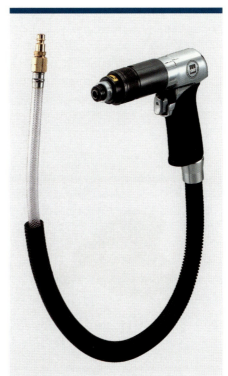

Bild 7
Pistolen-Drehschrauber in Pistolenform für höhere Drehmomente
(Quelle: Schneider Druckluft GmbH)

## 1.1.5 Exzenterschleifer

Anwendung:
Grob- und Feinschliff von Holz, Kunststoffen, Metallen, Plexiglas oder auch neueren Werkstoffen wie Corean sowie Lacken in Kfz-Lackierereien, Schreinereien, Möbelbau, Bootsbau, Messebau, Fahrzeugbau. Mit verschiedenen Schleiftellerdurchmessern (von 40–200 mm) je nach Größe der zu bearbeitenden Fläche und unterschiedlichem Härtegrad der Schleifteller (je ebener die Fläche, desto

härter darf der Teller sein, je gewölbter die Fläche, desto weicher sollte der Teller sein).

Die angebotenen Maschinen weisen unterschiedliche Exzenterhübe auf (von 1–11 mm), wobei die Grundregel gilt: Je größer der Exzenterhub, desto höher der Abtrag und desto gröber das Schleifbild. Somit werden für unterschiedliche Arbeiten (Grobschliff, Feinschliff) im professionellen Bereich nicht nur unterschiedliche Körnungen an Schleifpapier eingesetzt, sondern auch mindestens zwei Exzenterschleifer, die sich im Schleifhub (z. B. 3 mm und 7 mm) unterscheiden.

Anforderung an die Druckluft (Druck, Menge, Qualität):

- 6,3 bar Fließdruck
- 300–500 l/min
- kondensatfrei, idealerweise getrocknet
- geölt

**Achten Sie bei der Auswahl insbesondere auf:**

Wenn Sie hochwertige Lackierungen erzielen wollen, müssen die durch Schleifen vorbereiteten Oberflächen staub- und ölfrei sein. Werkzeugsysteme, wel-

**Bild 8 (links)**
Druckluft-Exzenterschleifer, 150 mm Durchmesser
(Quelle: Schneider Druckluft GmbH)

**Bild 10 (rechts)**
Exzenterschleifer für kleine Flächen mit 125 mm Durchmesser und 7 mm Hub
(Quelle: Festool GmbH)

**Bild 9 (links)**
Druckluft-Exzenterschleifer für große Flächen mit 185 mm Durchmesser
(Quelle: Festool GmbH)

**Bild 11**
Integriertes System mit Druckluftzuführung, Abluft und Staubabsaugung in einem Schlauch
(Quelle: Festool GmbH)

che die entspannte Druckluft sowie den Schleifstaub in einer Rückluftleitung vom Werkstück wegtransportieren, bieten hier große Vorteile.

Es gibt sehr große Unterschiede bei der Staubabsaugung der einzelnen Exzenterschleifer. Je besser die Staubabsaugung, desto länger halten die Schleifscheiben und die Schleifteller und desto schneller ist der Arbeitsfortschritt.

Wichtig für hochwertige Oberflächen sind außerdem sogenannte Tellerbremsen in den Maschinen, so dass beim Ansetzen auf dem Werkstück keine Riefen entstehen. Von der erreichten Oberflächengüte sind Exzenterschleifer meist besser als Schwingschleifer, weil die Exzenterschleifer durch ihre zusätzliche langsame Rotation des Schleiftellers die entstehenden „Schleifkringel" verwischen und dadurch bei gleicher Schleifpapierkörnung geringere Rauhtiefen entstehen.

Ein weiterer wichtiger Systembaustein zur Erzielung optimaler Oberflächen ist das verwendete Schleifmittel. Hier gibt es einerseits Universalschleifmittel für allgemeine Anwendungen, wenn keine Anforderungen an die Qualität der Arbeit vorhanden sind, und andererseits speziell auf die Anwendungen hin entwickelte Schleifmittel, die durch beweisbare Nutzenvorteile (Standzeit, Oberflächengüte, Gleichmäßigkeit, Abtragsleistung, Zusetzverhalten) ihren Mehrpreis vielfach rechtfertigen.

### 1.1.6 Farbspritzpistole / Lackierpistolen

Anwendung:
Beschichten und Lackieren von verschiedenen Materialien, Untergründen und Werkstücken in Lackierereien, Fahrzeugbau, Kfz-Restaurierung, Holzbau, Malerbetriebe, Möbelbau, Innenausbau und Metallbetrieben; für die unterschiedlichsten Farben, Lacke, Lasuren und für unterschiedliche Qualitätsanforderungen

**Bild 12**

Einfache, handliche Lackierpistole mit Fließbecher

(Quelle: Schneider Druckluft GmbH)

**Bild 13**
Lackierpistole mit Materialanschluss zur Verwendung mit Materialdruckbehälter (für große Flächen)
(Quelle: Schneider Druckluft GmbH)

Anforderung an die Druckluft (Druck, Menge, Qualität):

- 1–4 bar Fließdruck
- 100–600 l/min
- kondensatfrei, idealerweise getrocknet (bei hochwertigen Lackierungen ist Trocknung ein Muss!)
- ölfrei (ein unbedingtes Muss!)

**Achten Sie bei der Auswahl insbesondere auf:**

Aufgrund der unterschiedlichen Anwendungen, Verfahren und Anforderungen an die Oberflächenqualität sind allgemeine Aussagen wenig hilfreich. Gute Hersteller und Fachhändler bieten eine Fülle von Auswahlhilfen für die jeweilige Anwendung an. Hierzu ist es notwendig, zwischen kleinen und großen Flächen, wasserbasierten oder lösemittelbasierten Lacken zu unterscheiden, zwischen High-End-Lackierungen, z. B. im Kfz-Bereich, und einfachen Arbeiten mit geringerem Anspruch.

Interessant ist es dabei, auf eine VOC-konforme Übertragungsrate (>65 %) zu achten, denn aus Umweltschutzgründen ist es in vielen Gewerken nicht erlaubt, Spritzpistolen einzusetzen, die eine niedrigere Übertragungsrate und damit einen höheren Verlust an Material infolge starker Nebelbildung aufweisen.

Sind Arbeiten auch über Kopf notwendig, so sind nur einige Produkte dafür geeignet. Erfordert die Anwendung öfters einen Farbwechsel, so ist die Einsetzbarkeit von Wechselbechern ein großer Vorteil (darin können dann auch Farbreste aufbewahrt werden).

Während nahezu alle Spritzpistolen ein breites Sortiment an Düsengrößen zur Abstimmung auf die Art und Viskosität des zu verarbeitenden Materials sowie eine Materialmengenregulierung und eine stufenlose Rund-/Breitstrahleinstellung haben, ist die Luftmengenregulierung nicht selbstverständlich. Sie ist eine zusätzliche Hilfe für den versierten Lackierer, um das Spritzbild und den Luftverbrauch zu optimieren.

In der Praxis sind überwiegend Fließbecherpistolen zu finden, bei denen der Farbbehälter oben auf der Spritzpistole angeordnet ist und die Farbe durch die Schwerkraft unterstützt in die Pistole fließt.

Saugbecherpistolen werden von der Schwerpunktlage und vom Handling oft als ungünstig eingestuft. Bei großen Flächen oder Serienarbeiten wird ganz ohne Bechersystem gearbeitet, dann sind Pistolen mit Materialanschluss-Schläuchen in Verbindung mit Materialdruckbehältern sinnvoll.

An Materialien werden gespritzt:

- Beizen
- Lasuren
- Spachtel
- Füller
- Grundierungen
- Lacke
- Klarlacke
- Decklacke
- Strukturlacke
- Dispersionsfarben

## 1.1.7 Feilen

Anwendung:
Feilen und Entgraten von Werkstücken im Metallbau, in Gießereien, im Werkzeug- und Formenbau. Es stehen verschiedene Feileneinsätze (flach, vierkant, dreikant, halbrund, rund) zur Verfügung.

Anforderung an die Druckluft (Druck, Menge, Qualität):

- 6,3 bar Fließdruck
- 100–300 l/min
- kondensatfrei, idealerweise getrocknet
- geölt

**Achten Sie bei der Auswahl insbesondere auf:**

- geringes Gewicht
- geringe Vibrationen
- große Hublänge für schwere Feilarbeiten, kleine Hublängen für feine Entgratarbeiten oder das Feilen von Kleingussteilen

- die Luftführung. Die Abluft sollte so geführt werden, dass sie keinen Staub aufwirbelt (z. B. über einen Abluftschlauch).

**Bild 14**

Druckluftfeile mit langem Hub für schwere Feilarbeiten

(Quelle: Mannesmann Demag, MD Drucklufttechnik GmbH & Co. KG)

**Bild 15**

Leichte Druckluftfeile für feine Entgratarbeiten

(Quelle: Mannesmann Demag, MD Drucklufttechnik GmbH & Co. KG)

## 1.1.8 Fettpresse

Anwendung:
Abschmieren von Wellen und Getrieben an Fahrzeugen und Maschinen z. B. in Kfz-Betrieben, in der Landwirtschaft, in Reparaturbetrieben; zum Teil einsetzbar mit losem Fett oder mit 400-g-Kartuschen und unterschiedlich langen Anschluss-Schläuchen zum Erreichen auch schwer zugänglicher Stellen

**Bild 16**

Fettpresse mit kontinuierlicher Fettförderung bei Betätigung des Abzugshebels

(Quelle: Schneider Druckluft GmbH)

**Bild 17**

Karosseriesäge mit Abluftschlauch

(Quelle: Schneider Druckluft GmbH)

Anforderung an die Druckluft (Druck, Menge, Qualität):

- 2–12 bar Fließdruck
- ca. 0,5–1 l pro Hub
- kondensatfrei, idealerweise getrocknet
- geölt

**Achten Sie bei der Auswahl insbesondere auf:**

- eine hohe Druckübersetzung. Bei 6 bar Eingangsdruck wird z. B. mit einer Übersetzung 1:40 ein Druck am Hydrauliknippel von 240 bar erzeugt, so dass auch zähes Fett gut verarbeitet werden kann.
- die Möglichkeit, neben der Verwendung von Kartuschen auch loses Fett verarbeiten zu können.
- die Unterschiede bezüglich der Förderung. Manche Fettpressen erzeugen mit jeder Betätigung des Abzugshebels genau einen Fettstoß. Dies kann bei der Dosierung nützlich sein. Andere Fettpressen fördern bei der Betätigung des Abzugshebels so lange Fett, bis dieser losgelassen wird. Bei größeren Fettmengen hat eher diese Bauart einen Vorteil.
- die Schlauchlänge: Je länger, desto besser sind auch schwer zugängliche Stellen erreichbar.

### 1.1.9 Karosseriesäge

Anwendung:

Sägen von Metallen und Verbundwerkstoffen in Metallbetrieben, im Kfz-Handwerk, in Reparaturbetrieben; Hubzahl z. B. 9.000 1/min, Schnittstärken bis etwa 2 mm mit verschiedenen an die Materialstärke angepassten Sägeblättern.

Anforderung an die Druckluft (Druck, Menge, Qualität):

- 6,3 bar Fließdruck
- 150–250 l/min
- kondensatfrei, idealerweise getrocknet
- geölt

**Achten Sie bei der Auswahl insbesondere auf:**

- einen gummiummantelten Handgriff, der die Vibrationen reduziert und die Hände vor Kälte schützt
- Gewicht, Ergonomie und Handlichkeit mit eingespanntem Sägeblatt
- die Luftführung, so dass durch die Abluft keine Späne aufgewirbelt werden
- den Einschalter. Er sollte einerseits einfach und leicht mit einer Hand zu betätigen sein, andererseits aber unbeabsichtigtes Einschalten verhindern, um das Verletzungsrisiko zu verringern.

### 1.1.10 Kartuschenpistolen

Anwendung:
Abdichten, Verkleben, Verfugen, Versiegeln, bei Malern, im Innenausbau von Bad und Küche, in Kfz-Betrieben, bei Fliesenlegern und Natursteinverarbeitern; für handelsübliche 310 ml-Kartuschen oder Beutel bis 600 ml

Anforderung an die Druckluft (Druck, Menge, Qualität):

- 8–10 bar Fließdruck
- 60–120 l/min
- kondensatfrei, idealerweise getrocknet
- geölt

**Achten Sie bei der Auswahl insbesondere auf:**

- eine gute Dosiermöglichkeit durch einen ruckfrei zu betätigenden Abzugsbügel.
- ein Schnellentlüftungsventil, um das Nachlaufen von Material zu verhindern.
- die Art und Vielfalt der zu verarbeitenden Gebinde. Manche Kartuschenpistolen verarbeiten nur 310-ml-Kunststoffkartuschen, andere sind auch für 310-ml-Aluminiumkartuschen und 310-ml-Beutel, andere wiederum für 600-ml-Beutel geeignet.
- die Handhabung (Ergonomie) in gefülltem Zustand. Je nach Vorliebe werden Pistolenhandgriffe oder Mittelhandgriffe bevorzugt, wobei der Mittelhandgriff eine bessere Schwerpunktverteilung bietet.
- Einige Kartuschenpistolen bieten drehbare Griffe für einfachen Richtungswechsel.

**Bild 18**

Kartuschenpistole für handelsübliche 310-ml-Kunststoffkartusche

(Quelle: Schneider Druckluft GmbH)

**Bild 19**

Kartuschenpistole in Mittelgriffausführung zur Verbesserung der Schwerpunktlage

(Quelle: Schneider Druckluft GmbH)

### 1.1.11 Kettensäge

Anwendung:
Die Anwendung von Kettensägen mit Druckluftantrieb ist eher unüblich. Normalerweise werden Kettensägen mit Benzinmotor oder mit Elektroantrieb verwendet. Jedoch gibt es spezielle Einsatzzwecke und Anwendungen, die einen Verbrennungsmotor ausschließen, weil er gasförmige Emissionen oder z. B. Rußpartikel absondert. Und es gibt Umgebungen, die aufgrund von brennbaren oder explosionsgefährdeten Stoffen weder elektrische Antriebe, noch solche mit Verbrennungsmotor zulassen.

Dies kann z. B. in der chemischen Industrie, im Bergbau oder bei der Erdöl- und Erdgasförderung der Fall sein. Speziell auch in Anwendungsfällen, bei denen mit großer Nässe gerechnet werden muss, können druckluftbetriebene Kettensägen die richtige Alternative sein. Dabei sind auch Unterwassereinsätze für solche Geräte machbar, wenn sie vom Hersteller dafür entsprechend ausgelegt sind.

Insgesamt umfasst das Anwendungsspektrum von Kettensägen mit Druckluftantrieb das Sägen von Holz in Form von Balken oder Baumfällarbeiten, in manchen Ländern Südeuropas werden diese Maschinen auch für den Baumschnitt in Obstplantagen oder Baumschulen eingesetzt. Die Hersteller solcher Druckluft-Kettensägen bieten teilweise auch Spezial-Hartmetallketten an, um das Anwendungsspektrum z. B. auf Kunststoffe zu erweitern. Dennoch bleibt das Werkzeug aufgrund seines hohen Energieverbrauches und seines infolge der geringen Produktionsstückzahlen vergleichsweise hohen Anschaffungspreises ein Nischenprodukt für ganz spezielle Problemlösungen.

Anforderung an die Druckluft (Druck, Menge, Qualität):

- 6–12 bar Fließdruck je nach Hersteller
- 400–3.000 l/min
- kondensatfrei, idealerweise getrocknet
- geölt

**Achten Sie bei der Auswahl insbesondere auf:**

- den sehr hohen Luftverbrauch. Er erfordert meist einen entsprechend großen Kompressor (energieintensiv!).
- Es gibt spezielle Ausführungen für Unterwasserarbeiten und für den Bergbau.
- Aufgrund des üblicherweise sehr hohen Luftverbrauches werden Druckluftkettensägen meist nur dort verwendet, wo elektrische Kettensägen nicht eingesetzt werden können oder dürfen, wie z. B. in explosionsgefährdeten Zonen.

### 1.1.12 Klammergeräte

Anwendung:
Klammern von Holz und anderen Materialien beim Schreiner, Zimmerer, Maler, Innenausbau, Restaurator, Möbelbau, zum Teil mit stufenloser Tiefeneinstellung für verschieden harte Materialien und Magazinen für unterschiedliche Klammertypen und Klammergrößen

Anforderung an die Druckluft (Druck, Menge, Qualität):

- 4–8 bar Fließdruck

- 0,5–2 l pro Schlag
- kondensatfrei, idealerweise getrocknet
- geölt oder ungeölt (je nach Herstellerangabe)

**Achten Sie bei der Auswahl insbesondere auf:**

- die Vielfalt aufgrund unterschiedlichster Materialien, die verarbeitet werden können: Folien, Isoliermaterial, Stoffe, Leder, Möbelrückwände, Holzdecken, Nut- und Federbretter, Paneele, Gipsfaserplatten, OSB-Platten, Kisten, Paletten, Teppiche, Polster, Felle, Zäune, Schalungen. Von ihrer jeweiligen Anwendung hängen auch die Klammergröße und die notwendige Schlagstärke ab.
- einfaches und präzises Einstellen der Klammer-Eintreibtiefe.
- Manche Geräte lassen eine Umschaltung von Einzelauslösung durch den Abzugshebel auf Kontaktauslösung durch Aufsetzen des Gerätes auf das Material zu. Dies ist für besonders schnelles Arbeiten förderlich.
- eine gute Sicht auf die Spitze des Werkzeuges und eine gute Zugänglichkeit in Ecken und engen Bereichen.
- Je nach Anwendung können Sie zwischen den standardmäßig verzinkten Klammern oder auch Klammern aus Edelstahl (V2A) wählen.
- Die Klammern selbst unterscheiden sich nach Rückenbreite, Drahtstärke und Länge. Die verwendbaren Rückenbreiten und Drahtstärken sind durch das jeweilige Magazin des Klammergerätes vorgegeben, die Länge ist dagegen meist wählbar.

- Bitte beachten Sie, dass für bestimmte Anwendungen (z. B. im Fassadenbereich) Klammern mit bauaufsichtlicher Zulassung erforderlich sind.

**Bild 20**
Klammergerät für leichte Arbeiten mit Klammern von 13–40 mm Länge
(Quelle: Schneider Druckluft GmbH)

**Bild 21**
Klammergerät für größere Klammern von 30–65 mm Länge
(Quelle: Schneider Druckluft GmbH)

### 1.1.13 Klebepistolen

**Bild 22**
Pneumatische Klebepistole zur Verarbeitung von Schmelzklebstoffen in Stickform
(Quelle: Reka-Klebetechnik GmbH & Co. KG)

**Bild 23**
Pneumatische Klebepistole zur Verarbeitung von PUR-Klebstoffen in 310 ml Kartuschen punktförmig oder gesprüht
(Quelle: Reka-Klebetechnik GmbH & Co. KG)

Anwendung:
Verarbeitung von Schmelzklebstoffen in Granulat- und Stickform, teilweise auch zum Sprühen von Schmelzklebstoff (Vorteil: Sprühen ohne Lösungsmittel!)

Anforderung an die Druckluft (Druck, Menge, Qualität):

- 6,3 bar Fließdruck
- max. 100 l/min
- kondensatfrei, idealerweise getrocknet
- ölfrei (!)

Achten Sie bei der Auswahl insbesondere auf:

- Gewicht und Ergonomie (ggf. Balancer oder Stativ einsetzen).
- Temperaturregelbereich (z. B. 20–200 °C).
- einfache Verstellbarkeit des Luftdrucks zur Mengenregulierung.
- Je nach Anwendung gibt es Ausführungen zur Erzeugung des Klebstoffauftrags als Klebstoffpunkte oder Klebstofflinien (sogenannte Raupen), flächig oder gesprüht.
- Je nach Klebemenge gibt es verschieden große Klebepistolen mit unterschiedlichem Fassungsvermögen, z. B. 250 ml oder 350 ml.
- Benötigen Sie Polyurethan-Klebstoffe (PUR), so sollte die Klebepistole zur Verarbeitung dieser Kleber in 310-ml-Alu-Kartuschen geeignet sein.

### 1.1.14 Meißelhämmer

Anwendung:
Stemmarbeiten, Abschlagen (z. B. von altem/schadhaftem Putz), Abbrucharbeiten, Steinbearbeitung beim Stuckateur, Maler, Gipser, Fliesenleger, Steinmetz, Baubetrieb, Karosseriebetrieb; mit verschiedenen Schlagstärken und Aufnahmen für Meißel in verschiedenen Formen

Anforderung an die Druckluft (Druck, Menge, Qualität):

- 4–7 bar Fließdruck
- 150–400 l/min
- kondensatfrei, idealerweise getrocknet
- geölt

**Achten Sie bei der Auswahl insbesondere auf:**

- die durchzuführenden Arbeiten. Es gibt universelle Meißelhämmer für Arbeiten am Bau und spezielle Meißelhämmer für Karosseriearbeiten und das Zuschneiden von Blechteilen. Diese Meißelhämmer unterscheiden sich in der Schlagzahl.
- eine 6-kant-Aufnahme, so dass der Meißel nicht verdrehen kann.
- geringes Gewicht und gute Ergonomie des Handgriffes, der gummiert sein sollte, um die Vibrationen zu dämpfen und um kalte Hände zu verhindern.
- eine gute Abluftführung, so dass möglichst wenig Staub aufgewirbelt wird.
- Nahezu alle Druckluftmeißelhämmer bieten einen deutlichen Gewichtsvorteil gegenüber elektrischen Meißelhämmern.
- einen einfachen Meißelwechsel, denn je nach Anwendung kommen folgende Meißel zum Einsatz:
  - Spitzmeißel und Flachmeißel: Meißel- und Abbrucharbeiten in Mauerwerk, Beton oder Stein;
  - Breitmeißel: Entfernen von großen Materialflächen, z. B. Fliesen oder Putz, Bodenbeläge;
  - Nutmeißel: Stemmen von Schlitzen und Kanälen in Mauerwerk, Stein und Beton;
  - Blechschneidemeißel: Abtrennen von Karosserieteilen und Zuschneiden von Blechen.

Bild 24
Leichter Meißelhammer mit Pistolengriff
(Quelle: Schneider Druckluft GmbH)

Bild 25
Größerer Meißelhammer mit Spatengriff
(Quelle: Schneider Druckluft GmbH)

### 1.1.15 Nadelentroster

Anwendung:
Entrosten, Entschlacken, Aufrauen, Betonsanierung, Steinbearbeitung, dicke Beschichtungen ablösen in Reparaturbetrieben, Metallbetrieben, Maler- und Baubetrieben

Anforderung an die Druckluft (Druck, Menge, Qualität):

- 6,3 bar Fließdruck
- 100–250 l/min
- kondensatfrei, idealerweise getrocknet
- geölt

**Bild 26**

Nadelentroster in Stabform für punktuelle Arbeiten

(Quelle: Schneider Druckluft GmbH)

**Bild 27**

Nadelentroster in Pistolenform für größere Flächen

(Quelle: Schneider Druckluft GmbH)

**Achten Sie bei der Auswahl insbesondere auf:**

- die Vibrationen. Produkte verschiedener Hersteller weisen sehr starke Unterschiede bezüglich der Vibrationen auf, die an die Hand weitergeleitet werden. Bei längerer Arbeit führen hohe Vibrationen zu Durchblutungsstörungen. Solche Maschinen sind gemäß Berufsgenossenschaft nicht zum Dauereinsatz zugelassen.
- unterschiedliche Anzahl von Nadeln, so dass der Arbeitsdurchmesser zur Anwendung passt.
- möglichst einfachen Nadelwechsel, da diese ein Verschleißteil darstellen.
- Manche Geräte bieten eine Tiefenverstellung für die Nadelführungshülse und damit eine Anpassung für verschiedene Untergründe.

### 1.1.16 Nagelgeräte

Anwendung:

Nageln von Holz und anderen Materialien beim Schreiner, Zimmerer, Innenausbau, Palettenbau, Holzbau, Dachdecker; zum Teil mit Tiefeneinstellung zur Einstellung der Eintreibtiefe für verschieden große Nagelköpfe und verschieden harte Materialien für unterschiedlichste Nageltypen und Nagelgrößen bis zu über 200 mm Länge.

Anforderung an die Druckluft (Druck, Menge, Qualität):

- 4–8 bar Fließdruck
- je nach Nagelgröße; z. B. 1 l/Schlag bei 20 mm Stauchkopfnägeln mit 1 mm Drahtdicke bis zu 10 l/Schlag bei 200 mm langen Nägeln von 5 mm Dicke.
- kondensatfrei, idealerweise getrocknet
- geölt

**Achten Sie bei der Auswahl insbesondere auf:**

- die Vielfalt der Geräte aufgrund der unterschiedlichsten Anwendungen und Materialien. Lassen Sie sich am besten im Fachhandel beraten, wo Sie die Geräte auch anfassen und testen können.
- An Materialien werden z. B. genagelt: Sockelleisten, Zierleisten, Glasleisten, Holzdecken, Paneele, Nut- und Federbretter, Kisten, Paletten, Balken, Fertighauselemente, Dachlatten, Fassadenplatten, Parkett- und Dielenböden.

**Bild 28**
Nagelgerät für kleine Pin-Nägel der Länge 15–25 mm
(Quelle: Schneider Druckluft GmbH)

**Bild 29**
Nagelgerät für Stauchkopfnägel mit 16–50 mm Länge
(Quelle: Schneider Druckluft GmbH)

- unterschiedliche Magazinformen je nach Anzahl der notwendigen Nägel: z. B. Rundmagazine für 200–400 Nägel, Magazine für lose Nägel, die mit einem Füllgerät aufgefüllt werden (ca. 90 Nägel), Streifenmagazine mit 50–100 Nägeln.
- Nahezu jede Anwendung verlangt nach dem dafür speziell entwickelten Nagel (Glattschaftnägel, Ringnutnägel, Schraubnägel, Drillnägel, Wellennägel) in unterschiedlichen Materialien (Stahl verzinkt, Kupfer, Edelstahl). Bitte beachten Sie, dass für manche Anwendungen nur Nägel mit bauaufsichtlicher Zulassung verwendet werden dürfen.
- einfaches und präzises Einstellen der Nageleintreibtiefe.
- Manche Geräte lassen mittels Abzugshebel eine Umschaltung von Einzelauslösung auf Kontaktauslösung durch Aufsetzen des Gerätes auf das Material zu. Dies fördert besonders das schnelle Arbeiten.
- Bei empfindlichen Holzoberflächen werden Geräte mit Gummikappen für die Kontaktsicherung verwendet.
- Auf dem Dach sind besonders Geräte mit Antirutschfunktion durch gummierte Oberflächen praktisch.

### 1.1.17 Nietzange

Anwendung:
Nieten in Kfz-Betrieben, Karosseriebau, Schaltschrankbau, Klempnerei, Reparaturbetrieben, Metallbau, Lüftungs- und Fassadenbau, Blechverarbeitung. Mit verschiedenen Nietaufnahmen für Blindnieten von z. B. 2–5 mm Durchmesser, für Materialstärken von ca. 1–12 mm. Genietet werden z. B. Bleche aus Aluminium, Kupfer, Stahl, Edelstahl. Die zeitsparende Technik der Blindvernietung ist sehr einfach, weil die zu befestigenden Teile nur von einer Seite erreichbar sein müssen. Der Blindniet ist ein zweiteiliges Element, bestehend aus einer Niethülse und einem Nietdorn mit Sollbruchstelle.

**Bild 30**

Nietzange mit Auffangbehälter für Nieten mit Durchmesser 2,4–4,8 mm

(Quelle: Schneider Druckluft GmbH)

### 1.1.18 Ölabsauggeräte (Vakuumpumpen)

Anwendung:

Absaugung von Bremsflüssigkeiten, Kühlwasser und Ölen in Kfz-/Nfz-Betrieben, der Landwirtschaft und Verwertungsanlagen

Anforderung an die Druckluft (Druck, Menge, Qualität):

- 6,3 bar Fließdruck
- ca. 150–200 l/min
- kondensatfrei, idealerweise getrocknet
- ölfrei

**Bild 31**

Öl-Absauggerät mit 5,5-l-Behälter und verschiedenen Sonden

(Quelle: Schneider Druckluft GmbH)

Anforderung an die Druckluft (Druck, Menge, Qualität):

- 6,3 bar Fließdruck
- ca. 1 l pro Niet
- kondensatfrei, idealerweise getrocknet
- geölt

**Achten Sie bei der Auswahl insbesondere auf:**

- Flexibilität durch verschiedene Nietaufnahmen, so dass Sie verschiedene Nietdurchmesser verarbeiten können.
- Da Nietzangen nur einen geringen Luftverbrauch haben, reicht auch ein sehr kleiner Kompressor. Das ist vorteilhaft bei Anwendungen auf Baustellen.
- Manche Geräte haben einen integrierten Auffangbehälter für die Nietstifte. Dann müssen Sie die abgetrennten Nietstifte später nicht mühsam aufsammeln.

**Achten Sie bei der Auswahl insbesondere auf:**

- unterschiedliche, leicht austauschbare Sonden in verschiedenen Durchmessern und Längen, so dass Sie möglichst flexibel im Einsatz sind.
- einen gut und einfach entleerbaren Behälter.
- einen sicheren Stand des Gerätes.
- eine robuste Ausführung, die den Werkstattalltag lange übersteht.
- Manche Ausführungen erlauben einen Dauerbetrieb, indem der Einschalthebel arretiert werden kann. Sie haben dann die Hände für andere Arbeiten frei.

ein Ab-und-Zu-Anwender dagegen erhält sicherer ein gutes Ergebnis bei Poliermaschinen mit Exzenterbewegung, die Flächen erwärmen sich beim Polieren weniger und eine Hologrammbildung wird vermieden.
- gute Ergonomie mit verschiedenen Greifmöglichkeiten.
- kälteisolierte Griffe und Gehäuseteile zum Schutz vor kalten Händen.
- niedrigen Schwerpunkt, so dass die Maschine mit dem Polierteller nicht zum Kippen neigt, sondern plan aufliegt.
- vielfältiges und abgestimmtes Zubehörangebot an Schwämmen, Filzen und Fellen.
- die Abluftführung, so dass der Bediener nicht im Luftstrom steht

### 1.1.19 Poliermaschinen

Anwendung:
Polieren von Lacken an Fahrzeugen, Möbeln und Booten, Polieren von Plexiglas an Flugzeugen und Schiffen, Polieren von Holz; je nach Größe und Wölbung der zu polierenden Fläche mit kleinem (z. B. 75 mm) oder größerem (150 oder 200 mm) Polierteller

Anforderung an die Druckluft (Druck, Menge, Qualität):

- 6,3 bar Fließdruck
- 300–800 l/min
- kondensatfrei, idealerweise getrocknet
- geölt

**Bild 32**
Druckluft-Exzenterpolierer mit 150 mm Durchmesser
(Quelle: Dynabrade Europe Sàrl)

**Achten Sie bei der Auswahl insbesondere auf:**

- Maschinen mit rein drehender Bewegung sind eher für den geübten Profi,

**Bild 33**
Druckluft-Winkelpolierer mit 180 mm Durchmesser
(Quelle: Dynabrade Europe Sàrl)

## 1.1.20 Putzspritzgeräte

**Bild 34**
Trichter-Spritzpistole
(Quelle: Schneider Druckluft GmbH)

**Bild 35**
Spritzrohr für dickflüssige Materialien
(Quelle: Schneider Druckluft GmbH)

Anwendung:
Spritzen von Mineral- und Kunststoffputz, Faserputz, Chips, Pailletten, Flocken und Dispersionsfarbe bei der Bausanierung, im Innenausbau, für Malerbetriebe, Gipser, Stuckateure. Mit auswechselbaren Düsen für unterschiedliche Materialen. Einsetzbar zum Spritzen von Wänden und Decken.

Anforderung an die Druckluft (Druck, Menge, Qualität):

- 3–8 bar Fließdruck
- 200–300 l/min
- kondensatfrei, idealerweise getrocknet
- ölfrei

**Achten Sie bei der Auswahl insbesondere auf:**

- eine handliche Ausführung, so dass die Geräte auch bei beengten Platzverhältnissen, z. B. in Fluren oder Treppenhäusern, gut einsetzbar sind.
- das Gewicht, da diese Geräte in verschiedenen Höhen von Hand gehalten werden müssen.
- Düsen aus Edelstahl, um Korrosion zu vermeiden.
- Systemangebote von Herstellern, so dass zu den Geräten auch die passenden Materialdruckbehälter und Materialschläuche angeboten werden.

## 1.1.21 Ratschenschrauber
Anwendung:
Lösen und Befestigen von Schrauben und Muttern an Metallkonstruktionen, Fahrzeugen, Schiffen, Flugzeugen, Holzkonstruktionen sowie in der Montage bei mittleren Löse- und Anzugsmomenten (10 bis ca. 100 Nm)

Druckluftwerkzeuge und deren Anwendung von A bis Z 31

Anforderung an die Druckluft (Druck, Menge, Qualität):

- 6,3 bar Fließdruck
- 100–300 l/min
- kondensatfrei, idealerweise getrocknet
- geölt

**Achten Sie bei der Auswahl insbesondere auf:**

- gute Ergonomie und passende Lage des Einschalthebels.
- einfache Umschaltung der Drehrichtung rechts/links.
- Manche Geräte haben einen gummiummantelten Ratschenkopf. Dies kann Kratzer und Schäden an den Werkstücken vermeiden helfen.
- die Vierkantaufnahme. Je nach Anzugsmoment empfehlen sich ¼" oder ½" Aufnahmen.
- kompakte Abmessung, um auch schwer zugängliche Stellen zu erreichen.

### 1.1.22 Reb- und Baumscheren

Anwendung:
Schneiden von Reben und Obstbäumen im Obstbau, Weinbau und in Baumschulen / Gärtnereien

Anforderung an die Druckluft (Druck, Menge, Qualität):

- 6–15 bar Fließdruck
- 25–100 l/min
- kondensatfrei, idealerweise getrocknet
- geölt

**Achten Sie bei der Auswahl insbesondere auf:**

- Ergonomie und Schwerpunktlage.
- Zum Teil sind spezielle Kompressoren notwendig, um den geforderten hohen Druck zu erzeugen.

**Bild 36 (links)**
Ratschenschrauber ¼" für Lösemomente bis 30 Nm
(Quelle: Schneider Druckluft GmbH)

**Bild 37 (links)**
Ratschenschrauber ½" für Lösemomente bis 100 Nm
(Quelle: Schneider Druckluft GmbH)

**Bild 38**
Pneumatische Schere für Aststärken bis 30 mm
(Quelle: FELCO Deutschland GmbH)

- Je nach Größe der Hand sind unterschiedliche Modelle und Hersteller besser geeignet.
- Manche Hersteller bieten Baumscheren mit eingebautem Zerstäubungssystem zum Bestäuben der Schnittwunden unmittelbar nach dem Trennen des Astes mit einer Schutzflüssigkeit an.

### 1.1.23 Reifenfüllmessgeräte

**Bild 39**
Robustes, überfahrsicheres Reifenfüllmessgerät mit selbsthaltendem Ventilstecker
(Quelle: Schneider Druckluft GmbH)

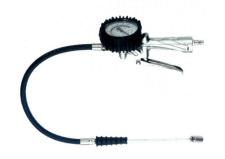

**Bild 40**
Reifenfüll-Messgerät mit doppelseitigem Ventilstecker
(Quelle: Schneider Druckluft GmbH)

Anwendung:
Luftdruck in Reifen prüfen, Reifen aller Art neu befüllen in Kfz-Betrieben, Tankstellen, Reifendiensten, Instandhaltung, Werkstatt, mit unterschiedlichen Arbeitsbereichen (z. B. 0–6 bar, 0–12 bar) und unterschiedlichen Ventilsteckern. Geeicht für gewerbliche Nutzer sowie ungeeicht erhältlich. Verschieden lange Anschluss-Schläuche zum Teil mit Drehausgleich für schwer zugängliche Ventile.

Anforderung an die Druckluft (Druck, Menge, Qualität):

- Druck je nach Anwendung 6 oder 12 bar Fließdruck
- kondensatfrei, idealerweise getrocknet
- ölfrei

**Achten Sie bei der Auswahl insbesondere auf:**

- das Eichzertifikat und seine Gültigkeitsdauer. Wenn Sie den Reifenfüller gewerblich einsetzen wollen, ist die Eichung gesetzlich vorgeschrieben.
- eine gut auf die Anwendung angepasste Skala. Für Pkw-Reifen reicht auf jeden Fall eine Skala von 0–6 bar. Auch bei der Montage neuer Reifen auf die Felge ist kein höherer Druck erforderlich. Der Springdruck, bei dem der Reifen sich an die Felge anpasst, beträgt maximal 3,3 bar und die Reifenhersteller garantieren nur bei Einhaltung dieses Druckes eine schadenfreie Montage des Reifens.
- einen möglichst langen Anschluss-Schlauch (die Berufsgenossenschaft empfiehlt 2,5 m Sicherheitsabstand), wenn Sie Reifen von Lkws oder land-

wirtschaftlichen Maschinen erstmalig befüllen.
- eine einfache (Einhand-)Bedienung des Ventilsteckers.
- eine robuste Ausführung des Gerätes und insbesondere des Manometers, so dass auch Stürze oder sogar ein versehentliches Überfahren des Gerätes ohne Schaden bleiben.
- eine gute Dosierbarkeit sowohl beim Befüllen als auch beim Ablassen von Luft.
- die Unterschiede von analogen und digitalen Anzeigen. Digitale Anzeigen benötigen eine Batterie und haben oft den Nachteil einer gewissen Trägheit. Klassische Zeigerinstrumente lassen Druckveränderungen zum Teil besser wahrnehmen. Probieren Sie aus, was Ihnen persönlich mehr zusagt.
- einen Drehausgleich am Schlauch, der ein Abknicken verhindert.

### 1.1.24 Schlagschrauber

Anwendung:
Lösen und Befestigen von Schrauben und Muttern an Metallkonstruktionen, Fahrzeugen, Schiffen, Flugzeugen und Holzkonstruktionen; bei hohen Löse- und Anzugsmomenten (von 100 bis ca. 3.000 Nm).

Anforderung an die Druckluft (Druck, Menge, Qualität):

- 6,3 bar Fließdruck
- 200–700 l/min
- kondensatfrei, idealerweise getrocknet
- geölt

**Bild 41**
Schlagschrauber ½″ mit 600-Nm-Lösemoment
(Quelle: Schneider Druckluft GmbH)

**Bild 42**
Schlagschrauber 1″ mit 1900-Nm-Lösemoment
(Quelle: Schneider Druckluft GmbH)

**Achten Sie bei der Auswahl insbesondere auf:**

- ergonomische Form
- einfache Einhandbedienung
- leichtgängige Umschaltung für den Rechts-/Linkslauf
- niedriges Gewicht
- Abluftführung zur Vermeidung von Staubaufwirbelung

Schlagschrauber sind deshalb so beliebt, weil sie durch ihre drehend-schlagende Bewegung die hohen Drehmomente weitgehend vom Handgelenk fernhalten und somit relativ mühelos Schrauben und Muttern lösen und befestigen, bei denen sonst hoher Kraftaufwand notwendig wäre. Die Bauformen sind meist mit Pistolengriff ausgeführt, wobei es große Unterschiede in der Schwerpunktlage und in der Umschaltung Rechts-/Linkslauf gibt. Sie sollten die Geräte vor dem Kauf daher in die Hand nehmen und ausprobieren. Je nachdem, ob Sie mit oder ohne Handschuhe arbeiten, kann dies große Auswirkungen auf die Bedienbarkeit der einzelnen Modelle haben. Das maximale Lösemoment bestimmt in der Regel Größe und Gewicht der Maschinen, so dass Ihre Auswahl anhand dieser Werte erfolgen sollte. Viele Hersteller bieten hierzu Tabellen an. Auch die Aufnahmen für die Steckschlüssel (genannt Nüsse oder Nussen) sind entsprechend den maximalen Drehmomenten ausgeführt. Die häufigste Größe ist ½″. Sie reicht bis etwa 1.000 Nm aus. Noch handlicher ist 3/8″, wenn die Momente bis etwa 350 Nm gehen. Oberhalb von ½″ werden dann ¾″ oder 1″-Schrauber angeboten, z.B. für Nutzfahrzeuge, Baumaschinen, landwirtschaftliche Geräte. Drehmomente bis 3.000 Nm sind hierbei keine Ausnahme.

Bei den passenden Steckschlüsseln gibt es ebenfalls verschiedene Ausführungen. Die 3/8″ reichen z.B. von M8 bis M19. Die ½″ von M11 bis M24, die ¾″ und 1″ z.B. bis M41. Bei den Steckschlüsseln, die zum Wechseln von Pkw-Rädern vorgesehen sind, können kunststoffummantelte Ausführungen zum Schutz von Alufelgen vor Schädigungen in den gängigen Größen M17, M19, M21 nützlich sein. Auch drehmomentbegrenzende Stecknüsse gibt es am Markt. Alle Schlagschrauber sollten entweder über geölte Druckluft betrieben werden oder, falls nicht vorhanden, mindestens ein Mal täglich über den Stecknippel geölt werden.

**Achtung:** Steckschlüssel (auch Nüsse genannt) für Schlagschrauber sind speziell für hohe Spitzenbelastungen ausgelegt. Die üblichen Steckschlüssel aus dem „Nusskasten" sind für die Anwendung mit Druckluft-Schlagschraubern ungeeignet, sie würden brechen.

### 1.1.25 Schwingschleifer (Rutscher)
Anwendung:
Schleifen von überwiegend ebenen Flächen auf Holz, Metall, Kunststoff, Spachtelmassen oder Lacken im Kfz-Gewerbe, Möbelbau, Schreinereien, Lackierereien, beim Gipser oder im Trockenbau. Mit verschieden großen Schleifschuhen entsprechend den zu bearbeitenden Flächen und unterschiedlich großen Schwingkreisdurchmessern. Je größer der Schwingkreisdurchmesser, desto

höher der Abrieb und desto geringer die Oberflächenqualität.

Anforderung an die Druckluft (Druck, Menge, Qualität):

- 300–400 l/min
- kondensatfrei, idealerweise getrocknet
- geölt

**Bild 43**
Druckluft-Rutscher mit Schleifschuh, Größe 93 x 175 mm
(Quelle: Festool GmbH)

**Bild 44**
Druckluft-Rutscher für große Flächen und hohen Abtrag mit Schleifschuh, Größe 80 x 400 mm
(Quelle: Festool GmbH)

**Achten Sie bei der Auswahl insbesondere darauf:**

- Wenn Sie hochwertige Lackierungen erzielen wollen, müssen die durch Schleifen vorbereiteten Oberflächen staub- und ölfrei sein. Werkzeugsysteme, welche die entspannte Druckluft und den Schleifstaub in einer Rückluftleitung vom Werkzeug wegführen, bieten hier große Vorteile.
- Es gibt außerdem deutliche Unterschiede bei der Staubabsaugung der einzelnen Schwingschleifer. Je besser die Staubabsaugung funktioniert, desto länger halten die Schleifpapiere und die Schleifschuhe und desto schneller ist der Arbeitsfortschritt.

Schwingschleifer werden heute eher für die gröberen Schleifarbeiten eingesetzt, das Finish für hochwertige Lackierungen wird meist dem Exzenterschleifer überlassen.

Nach Spachtelarbeiten werden Schleifgeräte mit möglichst großen und langen Schleifschuhen eingesetzt, um im Grobschliff ebene Flächen ohne Beulen oder Dellen zu erzielen.

### 1.1.26 Spezialschneider (für Autoscheiben)

Anwendung:
Austrennen von Windschutzscheiben bei Kfz, in Kfz-Betrieben und Reparaturbetrieben

Anforderung an die Druckluft (Druck, Menge, Qualität):

- 6,3 bar Fließdruck
- 200–300 l/min
- kondensatfrei, idealerweise getrocknet
- geölt

**Achten Sie bei der Auswahl insbesondere auf:**

- Flexibilität durch Zubehör
- Abluftführung
- verschiedene, an die Aufgabe angepasste Einsatzwerkzeuge

**Bild 45**
Spezialschneider mit Abluftschlauch
(Quelle: Schneider Druckluft GmbH)

**Bild 46**
Verschiedene Einsatzwerkzeuge (gerade-flach, gerade-abgesetzt, gebogen-abgesetzt)
(Quelle: Schneider Druckluft GmbH)

## 1.1.27 Sprühpistolen

**Bild 47**

Sprühpistole aus Aluminium mit Saugbecher

(Quelle: Schneider Druckluft GmbH)

**Bild 48**

Sprühpistole mit schwenkbarem Düsenkopf aus Messing und Saugbecher aus Kunststoff

(Quelle: Schneider Druckluft GmbH)

Anwendung:
Sprühen, Imprägnieren, Desinfizieren, Reinigen, Tapetenlösen, in der Landwirtschaft, im Kfz-Betrieb, in Malerbetrieben mit verschiedenen Sprühlanzen

Anforderung an die Druckluft (Druck, Menge, Qualität):

- 1–10 bar Fließdruck
- 50–250 l/min
- kondensatfrei, idealerweise getrocknet
- ölfrei

**Achten Sie bei der Auswahl insbesondere auf:**

- den Luftbedarf, so dass die Sprühpistole auch mit kleinen Kompressoren mobil einsetzbar ist.
- einfaches Reinigen.
- Einstellmöglichkeiten von Material- und Luftmenge.
- das Material der Sprühpistole (Aluminium, Messing, Edelstahl oder Kunststoff), so dass je nach Stoff der versprüht werden soll, keine Korrosion auftritt.
- einen schwenkbaren Sprühkopf, so dass ohne Kippen der Pistole in alle Richtungen gesprüht werden kann.

### 1.1.28 Stabschleifer (Geradschleifer)

**Bild 49**
Stabschleifer mit gummiertem Handgriff und Abluftschlauch
(Quelle: Schneider Druckluft GmbH)

**Bild 50**
Winkel-Stabschleifer mit Abluftschlauch
(Quelle: Schneider Druckluft GmbH)

Anwendung:
Schleifen, Entgraten, Fräsen, Polieren, Entrosten, Trennen in Kfz-Betrieben, Holzbetrieben, Werkzeug- und Formenbau, Metallbau mit verschiedenen Spannzangen (z. B. 3 mm und 6 mm), so dass verschiedene Einsatzwerkzeuge verwendet werden können. Zum Teil mit stufenloser Anpassung der Drehzahl (0–20.000 oder 0–70.000 1/min).

Anforderung an die Druckluft (Druck, Menge, Qualität):

- 6,3 bar Fließdruck
- 150–800 l/min
- kondensatfrei, idealerweise getrocknet
- geölt

**Achten Sie bei der Auswahl insbesondere auf:**

- Gewicht
- kompakte Bauform
- Abluftführung
- Vielseitigkeit mit unterschiedlichen Spannzangen
- unterschiedliche Längen bei schwer zugänglichen Stellen
- getriebeuntersetzte Maschinen, falls ein extrem hohes Drehmoment verlangt wird (z. B. bei Einsatzwerkzeugen mit größerem Durchmesser)

### 1.1.29 Strahlgeräte

Anwendung:
Sandstrahlen, Entrosten, Entzundern, Aufrauen, Abtragen in Kfz-Betrieben, Restauration, Bausanierung, Malerbetrieben, Schlosserei, Stahlbau für verschiedene Strahlmittel (z. B. Hochofenschlacke mit einer Körnung von 0,2–0,8 mm).

Anforderung an die Druckluft (Druck, Menge, Qualität):

- 6–8 bar Fließdruck
- 150–400 l/min
- kondensatfrei, idealerweise getrocknet
- ölfrei

**Bild 51 (links)**

Strahlpistole mit gehärteter Strahldüse und 1-l -Saugbecher

(Quelle: Schneider Druckluft GmbH)

**Bild 52 (rechts)**

Strahlpistole zur Verwendung von Strahlmittel aus einem Druckstrahlgerät

(Quelle: Schneider Druckluft GmbH)

**Achten Sie bei der Auswahl insbesondere auf:**

- die Ausführung der Strahldüse: Hartmetall hat eine wesentlich längere Standzeit als Stahl.
- ein schnelles und einfaches Nachfüllen des Strahlmittels am Saugbecher oder mittels Schlauch direkt aus dem Behälter.
- die Verwendbarkeit unterschiedlicher Strahlmittel (metallische, mineralische, organische Strahlmittel sowie Glasperlen und Keramikperlen).
- einen einfachen Düsenwechsel, da die Düse ein Verschleißteil ist.

Bei Wiederverwendung von Strahlmittel ohne ausreichende Reinigung können durch Verunreinigungen mit abgetragenem Material (z. B. Rost) Schäden am Werkstück entstehen.

### 1.1.30 Winkelbohrmaschinen

Anwendung:
Bohren, Senken an besonders engen Stellen. Mit Bohrfutter (z. B. 1–10 mm), zum Teil mit Rechts-/Linkslauf, Drehzahl 500–2.000 1/min.

**Bild 53**

Winkelbohrmaschine mit Schnellspannbohrfutter 1–10 mm

(Quelle: Schneider Druckluft GmbH)

Anforderung an die Druckluft (Druck, Menge, Qualität):

- 6,3 bar Fließdruck
- 300–500 l/min
- kondensatfrei, idealerweise getrocknet
- geölt

**Achten Sie bei der Auswahl insbesondere auf:**

- kompakte Bauform
- gutes Bohrfutter mit robusten Spannbacken
- hohe Drehzahl beim Bohren mit kleinen Bohrerdurchmessern oder hohes Drehmoment (langsame Drehzahl) für Werkzeuge mit großem Durchmesser
- die Abluftführung, so dass die Abluft keine Späne aufwirbelt
- einen Zusatzhandgriff zum Schutz Ihres Handgelenkes bei größeren Drehmomenten

### 1.1.31 Winkelschleifer

**Bild 54**
Winkelschleifer für handelsübliche Schleifscheiben bis 125 mm Durchmesser
(Quelle: Schneider Druckluft GmbH)

Anwendung:
Schleifen, Entgraten, Polieren, Entrosten, Trennen in Kfz-Betrieben und im Metallbau, z. B. zum Entfernen von Anlauffarben, Verschleifen von Punktschweißnähten, Kantenverrundung an Metallkonstruktionen; für verschiedene Schleifscheibendurchmesser, wie z. B. 50 mm, 115 mm, 125 mm und größere sowie verschiedene Aufnahmen für handelsübliche Schleifteller, Bürsten, Vlies; Drehzahl 10.000–20.000 1/min, teils stufenlos anpassbar

Anforderung an die Druckluft (Druck, Menge, Qualität):

- 6,3 bar Fließdruck
- 300–500 l/min, bei Durchmessern über 125 mm auch mehr
- kondensatfrei, idealerweise getrocknet
- geölt

**Achten Sie bei der Auswahl insbesondere auf:**

- geringes Gewicht
- gute Ergonomie
- robuste Schutzhaube
- stabiler Zusatzhandgriff
- die Abluftführung, so dass durch die Abluft möglichst wenig Staub aufgewirbelt wird

# Allgemeines zu Druckluftwerkzeugen von A–Z

Viele Werkzeuge sind auf einen Fließdruck von 6,3 bar ausgelegt. Angenommen, es liegen aufgrund von Druckverlusten in Leitung und Schlauch nur 5 bar Fließdruck an, sinkt die Leistung am Werkzeug um rund 25 %! Das heißt, die Arbeit dauert länger und der Kompressor läuft länger. Arbeitszeit und Druckluft werden dadurch verschwendet.

Andererseits ist es aber auch nicht gut, einfach den Druck deutlich über 6,3 bar hinaus zu erhöhen. Der Druckluftverbrauch steigt dadurch und die Werkzeuge können Schaden nehmen. Zur Überprüfung des Fließdruckes ist ein Manometer möglichst nahe am Eingang des Werkzeuges anzuschließen und das Werkzeug unter voller Drehzahl laufen zu lassen.

**SPAR-TIPP**

Regelmäßig prüfen, dass der Fließdruck dem Auslegungsdruck des Werkzeuges entspricht. Das spart Zeit, Energie und Reparaturkosten.

Was bei Druckluftwerkzeugen von vielen Anwendern vernachlässigt wird, ist der regelmäßige Ölbedarf. Nahezu alle drehenden Druckluftwerkzeuge (und auch viele andere) benötigen geölte Druckluft. Bitte schauen Sie in den jeweiligen Bedienungsanleitungen Ihrer Druckluftwerkzeuge nach.

**SPAR-TIPP**

Sie können Reparaturkosten sparen durch tägliches Ölen Ihrer Druckluftwerkzeuge nach den Vorgaben der Hersteller! Und Sie sparen gleichzeitig Energie und Zeit, weil geschmierte Werkzeuge bei gleichem Luftverbrauch eine höhere Drehzahl aufweisen.

Am besten ist natürlich ein korrekt eingestellter und regelmäßig gefüllter Öler am mobilen Kompressor oder am Luftabgang der Druckluftleitung in der Werkstatt. Aber auch wenn Sie die Werkzeuge selten einsetzen und einen mobilen Kompressor ohne Öler verwenden, sollten Sie Ihren Werkzeugen eine Minimalschmierung zukommen lassen. 1 x pro Arbeitstag einige Tropfen Öl in den Stecknippel helfen bereits. Verwenden Sie dazu das von den Herstellern angebotene Spezialöl für Druckluftwerkzeuge. Mindestens 30 % aller Reparaturen an Druckluftwerkzeugen könnten damit vermieden werden.

**PROFI-TIPP**

Beachten Sie, dass Sie Druckluftschläuche, die mit geölter Luft in Kontakt waren, nicht für ölfreie Anwendungen verwenden. Kleinste Verunreinigungen durch Ölreste führen unter Umständen zu teuren Schäden. Ein separater Schlauch ist günstiger.

## 1.2 Druckluft als Steuermedium

In vielen Maschinen und Anlagen im Handwerk wird die Stärke der Druckluft genutzt (z. B. durch Druckluftzylinder) um geradlinige Bewegungen einfach, schnell und sicher auszuführen. Genutzt wird dies vorrangig in der Handhabung von Werkstücken.

### 1.2.1 Spannen von Werkstücken

Pneumatische Spannzeuge reichen von der einfachsten handbedienten Spannung bis zur umfangreichen vollautomatischen Spannvorrichtung für komplizierte Werkstückformen in CNC-Maschinen. Über den Luftdruck lässt sich der Spanndruck regulieren, so dass besondere Rücksicht auf die Materialbeschaffenheit der zu spannenden Werkstücke genommen werden kann. Als Produkte sind z. B. beim Schreiner, beim Tischler und im Möbelbau Korpuspressen, Rahmenpressen, Kantenpressen, Kantenanleimmaschinen, Verleimpressen, Blockpressen und Plattenpressen im Einsatz. Diese Anlagen arbeiten in der Regel mit Druckluftzylindern mit 6 bar bei folgenden Anwendungen:
Verleimen von Pfosten von Holztreppen, Herstellung von Leimbindern, Möbeln aller Art, Platten, Rahmenkonstruktionen etc.

In einem metall- und kunststoffverarbeitenden Betrieb finden sich pneumatische Spannvorrichtungen in vielen CNC-Maschinen, z. B. in Form von pneumatischen Spannzangen oder Präzisions-Spannfutter für Innen- und Außenspannungen.

**SPAR-TIPP**

Die Anpresskraft pneumatischer Spannvorrichtungen lässt sich stufenlos über den Luftdruck einstellen.

**Bild 55**
Präzisions-Spannfutter mit doppeltwirkendem Pneumatikzylinder für Innen- und Außenspannung

(Quelle: Horst Weiberg Technische Produkte e.K.)

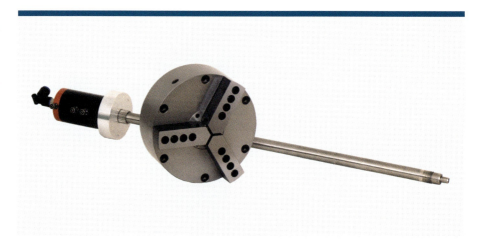

Druckluft als Steuermedium  43

**Bild 56**

Maschinenschraubstock mit Pneumatikkolben und Druckübersetzer für Spannkräfte bis 40 kN

(Quelle: Georg Kesel GmbH & Co. KG)

## 1.2.2 Zuführen von Werkstücken

**Bild 57**

Pneumatische Zuführstation für Werkstücke

(Quelle: Dr. Ing. Gössling Maschinenfabrik GmbH)

Zuführeinrichtungen sind entweder unabhängig von Bearbeitungsmaschinen oder fester Bestandteil davon. So z. B. werden Werkstücke aus einem Magazin mittels Druckluftzylinder einer Holzbearbeitungsmaschine zur Profilierung von Stäben zugeführt.

Genauso können kleine und mittelgroße Werkstücke mittels Zuführeinrichtungen zunächst vereinzelt werden, um dann lageorientiert zugeführt zu werden, bei Bedarf auch mit integrierten Ausrichtungs- und Wendestationen.

### 1.2.3 Zusammenfügen und Trennen von Werkstücken, Montage

Druckluftzylinder können dazu verwendet werden, um Werkstücke zu fügen, was beispielsweise durch Einpressen geschehen kann. Nach dem gleichen Prinzip funktionieren auch Vorrichtungen zum Stanzen, zum Biegen, Drücken, Falzen, Lochen, Schneiden, Prägen, Heißprägen, Tampondruck sowie zum Abkanten.

### 1.2.4 Innerbetrieblicher Transport von Werkstücken

Einfache Hebelbewegungen wie das Anheben und Absetzen von Lasten können mit Druckluftzylindern realisiert werden, ebenso Transportbandweichen bei Rollenbahnen oder das Umwenden eines Transportgutes. Auch die Überwindung von Höhenunterschieden ist mittels Druckluftzylinder einfach zu bewältigen. Eine weitere Möglichkeit ist das Sortieren oder Aussortieren von Werkstücken oder Bauteilen mittels Bildverarbeitung und gezielter Druckluftstöße aus entsprechenden Düsen.

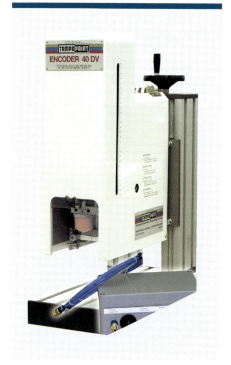

**Bild 58**
Pneumatische Tampondruckmaschine mit stufenloser Geschwindigkeitsregelung von 400 bis 5000 Takte pro Stunde
(Quelle: TAMPOPRINT AG)

### PROFI-TIPP

Falls Sie Ihre Fragestellung hier nicht finden sollten, fragen Sie einen Sondermaschinenbauer Ihrer Wahl. Die Möglichkeiten mit Druckluft sind riesig!

## 1.3 Druckluft zum Trocknen und Kühlen

Druckluft kann sehr gut zum Trocknen, Kühlen oder Reinigen (Abblasen) benutzt werden. Neben den im Kapitel 1.1.1 beschriebenen Ausblaspistolen sind für ständige Anwendungen stationäre Systeme im Einsatz. Anwendungen können sein:

- Abblasen von Förderbändern
- Trocknen von Flaschen
- Kühlen von Bauteilen
- Trockenblasen vor dem Beschichten
- Beschleunigung der Lacktrocknung
- Erzeugung von Luftvorhängen
- Wärmeverteilung in Öfen und Formen

Hierzu werden einzelne Luftdüsen oder komplette Blasbalken mit stetiger oder getakteter Luftzufuhr eingesetzt. Je nach Anwendung sind entsprechende Feinstfilter vorzuschalten.

**SPAR-TIPP**

Achten Sie auf eine speziell für Ihre Anwendung ausgelegte Konstruktion, so dass Luftverbrauch und Geräuschentwicklung optimiert sind. Eventuell lohnen sich auch spezielle Kompressoren im Niederdruckbereich 2–3 bar, wenn große Luftmengen mit relativ niedrigem Druck benötigt werden.

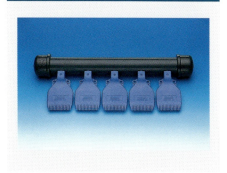

**Bild 59**
Mehrfach-Düsenleiste zum Abdecken großer Arbeitsbreiten bzw. zum Erzeugen eines Luftvorhangs
(Quelle: Lechler GmbH)

## 1.4 Sonstige Anwendungen

### 1.4.1 Druckluft als Transportträger (pneumatische Fördertechnik)

Pneumatische Förderung ist ein Begriff aus dem Bereich Schüttguttransport und bezeichnet den Transport von Schüttgütern mittels Über- oder Unterdruck durch Rohre oder Schläuche. Mittels Druckluft können z. B. Silos beschickt werden (Mehl, Zucker, Waschmittel usw.) mit Pulvern, Granulaten, Pellets und anderen grob- und feinkörnigen Gütern.

Es gibt hierzu verschiedene Verfahren, die in Abhängigkeit von der Empfindlichkeit des Fördergutes und der zur fördernden Menge und Konsistenz eingesetzt werden.

Bei Nahrungsmitteln ist nicht nur auf die entsprechende Luftgüte zu achten, sondern ebenso auf die hygienischen Bedürfnisse bezüglich Dichtungsmaterialien, Güte und Abriebbeständigkeit der Oberflächen sowie der Reinigungsmöglichkeiten. Generell werden bei dieser Anwendung an die Druckluft hohe Anfor-

**Bild 60**

Pneumatische Druckgefäßförderer für Schüttgüter

(Quelle: Claudius Peters Projects GmbH)

derungen bezüglich Ölfreiheit und Trocknungsgrad gestellt, damit das zu transportierende Gut nicht verunreinigt wird oder klumpt und die Anlage verklebt.

### 1.4.2 Hebezeuge in Ex-Schutz-Bereichen

In Bereichen wie z. B. Lackieranlagen, in denen aufgrund der in der Luft befindlichen Stäube oder Lösungsmittel Explosionsgefährdung herrscht, ist eine Verwendung elektrischer Maschinen aufgrund der Gefahr der Funkenbildung im elektrischen Antrieb nicht zulässig. Daher bieten sich dort Druckluftmotoren zum Einsatz in Hebezeugen an.

## PROFI-TIPP

In Ex-Schutz-Bereichen bieten Druckluftmotoren Vorteile: Sie sind sicherer, da keine Gefahr von Funkenbildung besteht.

## Sonstige Anwendungen

**Bild 61**
Druckluft-Hebezeug
(Quelle: J.D. NEUHAUS GmbH & Co. KG)

### 1.4.5 Druckluft zum Reinigen von Filtern und Entstaubungsanlagen

In vielen Anlagen zur Absaugung und Sammlung von staubförmigen Stoffen ist Druckluft ein wichtiges Medium zur Aufrechterhaltung der Funktionsfähigkeit. Die eingebauten Filter werden manuell oder automatisch mittels Druckluft gereinigt. Beispiele sind Schweißrauchfilter, Lötrauchfilter und stationäre Entstauber aller Art, wie sie z. B. in folgenden Branchen zum Einsatz kommen:

- Bau
- Druckerei
- Elektronikbetriebe
- Feinmechanische Werkstätten
- Flugzeugbau
- Glasherstellung
- Kfz-Werkstätten
- Kunststoffverarbeitende Betriebe
- Lederverarbeitung
- Maschinenbau
- Metallverarbeitung
- Mühlen
- Natur- und Kunststeinverarbeitung
- Sandstrahl-Werkstätte
- Textilindustrie
- Schreinerei, Zimmerei

### 1.4.3 Autowaschanlagen

In vielen Autowaschanlagen wird Druckluft einerseits zum Trocknen der gewaschenen Fahrzeuge, andererseits aber auch im eigentlichen Waschprozess, z. B. zum Aufschäumen der Shampoos, eingesetzt.

### 1.4.4 Reifenmontiermaschinen

Um Reifen auf Felgen zu montieren, werden überwiegend pneumatisch-hydraulische Reifenmontiermaschinen verwendet. Die Felgen werden in einen langsam rotierenden Spanntisch pneumatisch eingespannt und der Reifen dann mittels Abdrückrollen über die Felge gezogen. Danach schließt sich der Füllvorgang des Reifens mit Druckluft an. Der Druckbereich liegt zwischen 8–15 bar.

Die Bedarfe an Druckluft können sehr unterschiedlich sein. Manche Anlagen arbeiten mit einem kontinuierlichen Druckluftstrom, andere mit Druckstößen, so dass über einen kurzen Zeitraum eine größere Druckluftmenge zur Verfügung stehen muss. Dies ist bei der Auslegung und Installation dieser Art von Anlagen im Einzelfall zu bedenken, denn es beeinflusst die Art der Druckluftführung, Druckluftaufbereitung und Druckluftspeicherung. Auf jeden Fall sind ein

Drucklufttrockner und ein Ölfilter zu empfehlen, damit sich Staub und Feuchtigkeit (Wasser, Öl) nicht verbinden und den Filter verkleben.

**Bild 62**
Absaugturbine mit pneumatischer Abreinigung des Filters
(Quelle: Festool GmbH)

> **PROFI-TIPP**
>
> Zur Abreinigung von Filtern nur ölfreie und getrocknete Druckluft verwenden. Im Bedarfsfall separaten Speicherbehälter direkt vor der Anlage installieren, um ausreichend Luft für die notwendigen Druckstöße zu haben.

### 1.4.6 Pneumatisch betriebene Pumpen

Mit Druckluft betriebene Kolbenpumpen finden ihren Einsatz z. B. in der Förderung von Ölen und Lacken für niederviskose Materialien wie Klarlack bis zu hochviskosen Materialien im Korrosionsschutz. Als Einsatzgebiete kommen z. B. die Versorgung mit Lacken bei Ringleitungen im Möbelbau, in Lohnlackiererreien, im Küchenbau, im Maschinenbau und bei Fensterherstellern in Frage, die jeweils Holz- oder Metallobjekte grundieren und beschichten.

**Bild 63**
Eine rotierende Druckluftdüse bläst den Filter frei
(Quelle: Festool GmbH)

Daneben gibt es Druckluftpumpen für Fette und andere pastöse Materialien, die z. B. direkt auf 20-Liter-Behälter oder 200-Liter-Fässer montiert werden können. Damit ist ein direktes Pumpen vom Originalbehälter möglich, das Medium ist gegen äußere Verunreinigungen abgedichtet. Bei der Auswahl der Pumpe sind jeweils die Werkstoffe von Metallteilen und Dichtungen speziell auf das zu fördernde Medium abzustimmen.

Weitere Einsatzgebiete sind das Reinigen von Kühlern z. B. bei Pkws, Lkws oder landwirtschaftlichen Fahrzeugen sowie das Ausblasen von Ernterückständen aus landwirtschaftlichen Maschinen.

Werkstoffe von Metallteilen und Dichtungen sollen unbedingt zusammen mit dem Hersteller auf das zu pumpende Gut abgestimmt werden.

Sonstige Anwendungen 49

**Bild 64**
Pneumatische Kolbenpumpe zur Verarbeitung von Lacken
(Quelle: J. Wagner GmbH)

**Bild 65 (links)**
Druckluft-Behälterpumpe mit einer Förderleistung von 120 l/min
(Quelle: PSZ Pumpen)

**Bild 66 (rechts)**
Druckluft-Membranpumpe mit einer Förderleistung von 50 l/min
(Quelle: PSZ Pumpen)

Anwendungen sind z. B.: Umfüllen von Fetten und Ölen, Füllen von zentralen Schmieranlagen und Getrieben.

Der Luftdruck beträgt meist 6 bar und es wird kondensatfreie, geölte Druckluft benötigt. Der Luftvolumenstrom hängt von der Pumpengröße ab. Der große Vorteil von Druckluftpumpen gegenüber Elektropumpen ist, dass sie nicht überlastet werden können. Im Zweifel bleibt die

Druckluftpumpe einfach stehen, ohne dass ein Schaden, eine Überhitzung oder ein Ausfall auftritt.

Druckluft-Membranpumpen sind in der Lage, aggressive und brennbare Substanzen zu fördern, sie können trocken laufen, sind selbstansaugend und auch in explosionsgefährdeter Umgebung einsetzbar. Die Förderleistungen betragen 5 l/min bis rund 1.000 l/min. Fördermenge und Förderhöhe sind über den Luftdruck variabel einstellbar.

Druckluft-Exzenterschnecken-Pumpen sind für viele Flüssigkeiten verwendbar, sowohl für dünnflüssige als auch für hochviskose, für neutrale und für aggressive Medien wie z. B. Farben, Lacke, Öle, Seifen, Marmeladen, Honig, Ketchup, Leim, Schlamm. Zum Umfüllen oder Abfüllen werden sie gern auch im Bereich von Lebensmitteln eingesetzt.

! **PROFI-TIPP**

Besondere Sicherheit bieten druckluftbetriebene Pumpen beim Fördern oder Umfüllen von brennbaren oder leicht entzündlichen Flüssigkeiten. Bei diesen Medien unbedingt darauf achten, dass das Pumpwerk eine ATEX-Zulassung hat.

### 1.4.7 Pneumatische Hebebühnen / Hebetische

Im Kfz-Bereich (Lackier- und Karosseriebetriebe, Bremsen- und Reifendienste, Werkstätten für Motorräder, Quads und Pkws) sind pneumatische Hebebühnen weit verbreitet. Sie bestehen aus einer mobilen Arbeitsbühne, die mittels einer

**Bild 67**
Pneumatische Motorrad-/Quadhebebühne mit 450 kg Tragkraft

Luftfeder angehoben wird. Die Anhebung erfolgt durch die in die Feder gepumpte Luft, die Absenkung geschieht durch das Eigengewicht unter Ablass der Luft aus der Feder. Mechanische Sicherheitsvorrichtungen vermeiden ein unkontrolliertes Absenken der Hebebühne bei Leckagen.

Zum Einsatz in Produktionsbetrieben, z. B. in nassen Bereichen oder in Ex-Schutzbereichen gibt es pneumatisch betriebene Hubtische, um dafür zu sorgen, dass Mitarbeiter aufrecht an Produkten arbeiten können. Dies kommt der Gesundheit der Mitarbeiter zugute und erhöht die Produktivität.

**Bild 68**
Pneumatisch betriebener Hubtisch in Ex-Ausführung
(Quelle:
Gruse Maschinenfabrik GmbH)

### 1.4.8 Getriebeheber / Grubenheber

Zur Demontage und Montage von Motor und Getriebe werden in Werkstattbereichen hydraulisch-pneumatische Reparaturheber eingesetzt. Dadurch stehen beide Hände des Monteurs für Justierarbeiten frei zur Verfügung. Je nach Ausführung wird Druckluft mit einem Druck von 8–15 bar benötigt. Daneben gibt es auch rein pneumatische Grubenheber, bei denen die Druckluft direkt auf den Hubkolben wirkt.

Achten Sie bei der Auswahl der Produkte auf einen möglichst niedrigen Soll-Druck (8 bar). Anlagen, die über 10 bar benötigen, verbrauchen bei der Drucklufterzeugung sehr viel mehr elektrische Energie. Pro bar mehr werden etwa 7 % mehr Energie verbraucht.

**Bild 69**
Hydraulisch-pneumatischer Grubenheber mit Rückschlagventil zur Lastsicherung in jeder Lastposition, sowie pneumatischem Schnellhub bis zum Lastangriffspunkt
(Quelle:
Georg Kirsten GmbH & Co. KG)

# 2 BEDEUTUNG DER LUFTQUALITÄT

Druckluft ist nicht gleich Druckluft und jede Anwendung erfordert eine bestimmte Druckluftqualität. In der Praxis wird das Thema Qualität der Druckluft leider oftmals so stark vernachlässigt, dass sich daraus hohe Kosten und viel Zeitverschwendung ergeben. Teilweise sind sogar Gefahren für die Gesundheit mit diesem Thema verbunden, wenn man die Zusammenhänge nicht kennt oder nicht berücksichtigt.

**PROFI-TIPP**

Überhöhte Betriebsdrücke bringen keinen Leistungsgewinn. Sie erhöhen nur den Luftverbrauch und den Verschleiß an den Geräten.

## 2.1 | Druck

Jeder Druckluftverbraucher benötigt einen bestimmten Betriebsdruck, um optimale Leistung abgeben zu können. Deshalb ist es unabdingbar, regelmäßig zu kontrollieren, ob der benötigte Betriebsdruck auch zur Verfügung steht. Und zwar bei voller Auslastung und im Betrieb! Druckverluste durch nicht ausreichende Leitungsquerschnitte können nur bemerkt werden, wenn die Druckluft auch fließt.

**SPAR-TIPP**

Soll-Betriebsdruck = Fließdruck, d.h. der am Manometer ablesbare Druck, der sich bei fließender Druckluft beim Betrieb des Verbrauchers einstellt.

Mehr zum Thema zu hoher Druck, zu niedriger Druck und zum Thema Druckverlust siehe ausführlich in Kapitel 7.2 „Möglichkeiten zur Kosteneinsparung".

## 2.2 | Partikel-, Wasser- und Ölgehalt

Von besonderer Bedeutung bei der Druckluft ist außer dem richtigen Druck der Gehalt an Partikeln und an Feuchtigkeit. Partikel und Feuchtigkeit setzen den Druckluftgeräten und Anlagen zu und erhöhen ihre Störanfälligkeit. Erhöhter Verschleiß und Leistungseinbußen sind dann noch vergleichbar geringe Probleme gegenüber einem Totalausfall. Sind vom Hersteller der Werkzeuge und Anlagen Vorgaben bezüglich der zu verwendenden Druckluftqualität gemacht worden, sind sogar Ablehnungen von Garantiereparaturen möglich, wenn die Vorgaben nicht eingehalten werden. Somit können hohe wirtschaftliche Schäden auftreten, wenn die Luftqualität nicht stimmt. Aber auch wenn die Druckluftgeräte noch störungsfrei arbeiten, kann unzureichend aufbereitete Druckluft Verunreinigungen z.B. in Form von Öl in Prozesse eintragen und zur Beschädigung oder Nacharbeit von Werkstücken führen. Damit zwischen Werkzeug- und Anlagenhersteller und dem Handwerker klare Regeln zur benötigten Luftqualität geschaffen werden, wird in den meisten Fällen die Norm DIN ISO 8573-1 herangezogen. In dieser Norm wird die Druckluft in Klassen eingeteilt bezüglich der

**Tabelle 1**
Qualitätsklassen nach DIN ISO 8573-1

| Qualitäts-Klassen | Staub | | Wasser maximaler Drucktaupunkt (in °C) entspricht einem Wassergehalt in g/m³ | Öl maximale Konzentration in mg/m³ |
|---|---|---|---|---|
| | Partikelgröße [µm] | Konzentration [mg/m³] | | |
| 1 | 0,1 | 0,1 | −70 °C ≙ 0,003 g/m³ | 0,01 |
| 2 | 1 | 1 | −40 °C ≙ 0,11 g/m³ | 0,1 |
| 3 | 5 | 5 | −20 °C ≙ 0,88 g/m³ | 1 |
| 4 | 15 | 8 | +3 °C ≙ 5,95 g/m³ | 5 |
| 5 | 40 | 10 | +7 °C ≙ 7,73 g/m³ | 25 |
| 6 | | egal | +10 °C ≙ 9,41 g/m³ | egal |
| 7 | | egal | egal | egal |

maximal zulässigen Gehalte an Partikeln, Wasser und Öl.

Beispiel: Druckluft der Qualitätsklasse 5 enthält Staub mit einer Größe bis 40 µm in einer Konzentration bis 10 mg/m³, hat einen Drucktaupunkt von 7 °C und somit einen maximalen Wassergehalt von 7,7 g/m³ sowie eine maximale Konzentration an Öl in Höhe von 25 mg/m³.

Übliche Klassen für die Verwendung von Druckluft im Handwerk sind 6, 5, 4 und 3. Sie unterscheiden sich hauptsächlich im Wassergehalt, der in Form des Drucktaupunktes angegeben wird, sowie im Gehalt an Öl und an Staubpartikeln. Manchmal finden sich bei Herstellern von Anlagen oder Werkzeugen Angaben in Form von „Klasse 2-3-1". Damit ist gemeint: Klasse 2 beim Staub, Klasse 3 beim Wasser, Klasse 1 beim Öl. Somit sind sehr differenzierte Angaben bezüglich der Druckluftqualität möglich und aus Angaben dieser Art lässt sich dann auch genau der notwendige Aufwand an Filterung und Trocknung bestimmen.

## SPAR-TIPP

Fragen Sie bei Herstellern von druckluftbetriebenen Anlagen und Werkzeugen nach den erforderlichen Druckluftklassen. Damit wird zu viel Aufwand vermieden und es werden spätere Reparaturkosten durch ungenügende Druckluftaufbereitung verhindert.

Öl in der Druckluft kann ganz verschiedene Wirkungen hervorrufen. Bei der Verwendung von drehenden Werkzeugen, z. B. Schlagschraubern ist Öl „lebensnotwendig", da der Druckluftmotor ohne Ölschmierung nur kurze Zeit übersteht. Bei der Verwendung von Spritzpistolen ist Öl dagegen „tödlich", da Öl die Haftung und die Struktur des aufge-

**PROFI-TIPP**

Die richtige Druckluftqualität sorgt z.B. für:
- längere Lebensdauer von Druckluftwerkzeugen
- weniger Schmutz und Korrosion in Rohrleitungen
- längere Standzeit der Filtersysteme
- qualitativ hochwertige Lackierungen
- längere Standzeit von pneumatischen Zylindern
- geringere Wartungskosten bei druckluftbetriebenen Anlagen und Steuerungen
- höhere Zuverlässigkeit aller im Prozess eingebundenen pneumatischen Geräte und Anlagen
- geringere Störungsanfälligkeit und somit niedrigere Stillstandzeiten von Produktionsanlagen

VDMA-Einheitsblatt Nr. 15390 vom März 2004 gegeben, das für etwa 20,– € erhältlich ist.

Tabelle 2
Welche Druckluftklasse für welche Anwendung?

| Anwendung | Empfohlene Druckluftklasse (bezüglich Wassergehalt) |
|---|---|
| Farbspritzen | 4 |
| Pulverbeschichten | 4 |
| Förderluft | 4 |
| Steuerluft | 4 |
| Lackieranlagen | 3 |
| Werkzeuge aller Art | 5 |

## 2.3 | Sterile Druckluft

Für Anwendungen z.B. im Zusammenhang mit Lebensmitteln, bei denen sterile Druckluft benötigt wird, ist zusätzlich das Thema Mikroorganismen zu beachten. Mikroorganismen, worunter Hefen, Schimmelpilze, Bakterien und Viren verstanden werden, sind so klein, dass sie die Ansaugfilter von Kompressoren ungehindert passieren. Außerdem besteht in der warmen und feuchten Druckluft nach dem Kompressor die Gefahr ihres Wachstums und ihrer Vermehrung. Untersuchungen haben gezeigt, dass Mikroorganismen am besten in ungetrockneter Druckluft mit einer hohen Luftfeuchtigkeit gedeihen. Öl, Kondensat und andere Verunreinigungen dienen dabei oft als Nährboden.

Die wirkungsvollste Maßnahme gegen Bakterien ist daher die Trocknung der

brachten Lackes zerstören kann. Somit ist je nach Anwendung entsprechend auf den Ölgehalt zu achten und entweder nachträglich nach dem Kompressor die Luft zusätzlich zu ölen oder es ist die Luft nach dem Kompressor vom Öl zu befreien. Hier empfiehlt es sich wirklich, in den Bedienungsanleitungen der jeweiligen Werkzeughersteller oder Anlagenhersteller nachzuschauen bzw. beim Lieferanten nachzufragen. Empfehlungen für rund 80 Anwendungen (eher Industrie, teilweise auch Handwerk) werden zu den einzelnen Qualitätsklassen bezüglich Staub, Wasser und Öl auch im

Luft. Zusätzlich sind unbedingt weitere Maßnahmen notwendig: Vorfilter und Aktivkohlefilter, dazu ein Sterilfilter als letztes Element vor dem Verbraucher verhindern den Durchtritt von Mikroorganismen. Diese Sterilfilter wurden mittels spezieller Bakterienbeaufschlagungstests für diese Aufgabe qualifiziert und freigegeben und werden von unterschiedlichen Herstellern angeboten. Um Infektionen durch das Verteilungsnetz vorzubeugen, kann es wichtig sein, vor jeder Endverbraucherstelle einen Sterilfilter vorzusehen und zur Sterilisation der einzelnen Leitungen und Sterilfilter entsprechende Dampffilter zu installieren. Dann können mittels Heißdampfsterilisation Filter und Rohrleitung gereinigt und sterilisiert werden.

Aufgrund der Forderung nach unbedingter Zuverlässigkeit des Filters, selbst nach längeren Betriebszeiten, sollten Sie unbedingt die Anwendungsberatung und das Know-how der Hersteller in Anspruch nehmen, wenn Ihre Druckluftanwendung Sterilität verlangt.

# 3 ERZEUGUNG VON DRUCKLUFT

Erzeugung von Druckluft

Grundsätzlich kann man bei der Verdichtung von Luft zwischen Turboprinzip und Verdrängerprinzip unterscheiden. Beim Turboprinzip strömt angesaugte Luft in ein mit hoher Geschwindigkeit rotierendes Laufrad und wird dort stark beschleunigt. Durch abruptes Abbremsen der Luft wird Druckluft erzeugt, meist mit geringem Überdruck, aber großen Volumenströmen. Turbokompressoren sind in industriellen Prozessen weit verbreitet. Im Handwerk finden dagegen überwiegend Kompressoren nach dem Verdrängerprinzip Anwendung: Luft wird angesaugt und eingeschlossen. Anschließend wird das eingeschlossene Volumen verringert und die Luft somit verdichtet. Die Verringerung des Raumes kann mittels des Hubkolbenprinzips erfolgen (Kolbenkompressor) oder mittels einer rotierenden Bewegung (z. B. Schraubenkompressor).

Beim Abwärtshub saugt der Kolben über das Saugventil Luft an und der Zylinder füllt sich. Beginnt der Aufwärtshub, schließt sich das Saugventil und die Luft wird verdichtet. Überschreitet der Druck im Zylinder den Gegendruck im Druckluftkessel, öffnet das Druckventil und die verdichtete Luft strömt mit einer Temperatur von 150–220 °C aus. Der nächste Zyklus beginnt. Bei Kolbenkompressoren für das Handwerk werden folgende Bauarten unterschieden:

- **einstufige Verdichtung:**
  Verdichtung bis zum Enddruck mit einem Kolbenhub

**Bild 70**
Die Grundfunktion eines Kolbenkompressors
(Quelle: Schneider Druckluft GmbH)

**Bild 71**

**Schraubenkompressor – Phase 1:** Die Luft wird über den Ansaugbereich in den Raum zwischen den Läufern gezogen (vergleichbar mit dem Saughub des Kolbenkompressors).
(Quelle: Schneider Druckluft GmbH)

**Schraubenkompressor – Phase 2:** Die sich drehenden Läufer schließen die Einlassöffnung. Damit setzt die Verdichtung der eingeschlossenen Luft ein. Durch die ineinandergreifenden Profile und das umschließende Gehäuse wird das zu verdichtende Volumen während der Drehung verkleinert.
(Quelle: Schneider Druckluft GmbH)

**Schraubenkompressor – Phase 3:** Die Verdichtung setzt sich fort, bis der immer kleiner werdende Verdichtungsraum die Kante der Auslassöffnung erreicht.
(Quelle: Schneider Druckluft GmbH)

**Schraubenkompressor – Phase 4:** Die verdichtete Luft strömt aus.
(Quelle: Schneider Druckluft GmbH)

- **zweistufige Verdichtung:**
  Die Luft wird nach dem Verlassen der ersten Stufe im Zwischenkühler abgekühlt und dann im Hochdruckzylinder auf den Enddruck verdichtet. Sind die Komponenten richtig angelegt worden, so kann eine zweistufige Verdichtung energetisch sinnvoll sein, d. h. weniger elektrische Energie verbrauchen. Aufgrund höherer Investitionskosten werden zweistufige Kompressoren meist erst bei Drücken oberhalb von 10 bar eingesetzt.
- **nach der Schmierung** ölgeschmiert oder ölfrei verdichtend:
  Ölfreie Kolbenkompressoren besitzen überwiegend Kolbenringe aus Teflon (PTFE) und haben oft eine geringere

Lebensdauer und Standfestigkeit als ölgeschmierte.
- **nach der Antriebsart** mit Riemen- oder Direktantrieb
- **nach der Zylinderzahl** und deren Anordnung

Bei allen Kolbenkompressoren sorgen mehr oder weniger aufwändig dimensionierte Nachkühler dafür, dass die Druckluft mit einer Temperatur von maximal 90–100 °C in den Druckbehälter eintritt.

**Funktionsweise eines Schraubenkompressors:**

Die Hauptbestandteile eines Schraubenkompressors sind der Haupt- und der Nebenrotor. Diese schließen zusammen mit dem Gehäuse ein Volumen ein und verkleinern dieses durch das besondere asymmetrische Profil dieser „Schrauben" bei einer rotierenden Bewegung. Die Luft wird somit beim Durchgang durch das Schraubenprofil verdichtet und anschließend ausgeschoben. Der erreichbare Druck hängt hauptsächlich von der Länge und vom Profil der Schraube ab. Ein Schraubenkompressor besitzt keine Ventile und liefert einen kontinuierlichen Druckluftstrom.

Das eingespritzte Öl nimmt die bei der Verdichtung entstehende Wärme auf, schmiert gleichzeitig die Rotoren und die Wälzlager und dichtet die Schrauben gegeneinander und zum Gehäuse hin ab. Drücke bis 13 bar werden so wirtschaftlich in einer Verdichtungsstufe erzeugt. Außerdem gibt es vereinzelt Anwendungen mit trockenlaufenden Systemen oder wassereingespritzten Systemen, die zu ölfreier Druckluft führen, jedoch einen hohen technischen Aufwand be-

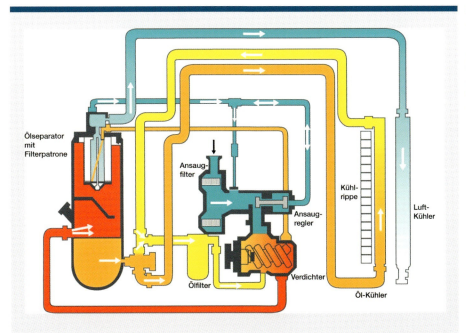

**Bild 72**

Schematisch dargestellte Grundfunktionen eines Schraubenkompressors, speziell der Ölkreislauf

(Quelle: Schneider Druckluft GmbH)

deuten. Somit werden in den meisten Anwendungen im Handwerk öleingespritzte Schrauben verwendet und falls erforderlich das in der Luft befindliche Restöl mittels Filtern entfernt.

Der Schraubenkompressorblock wird von einem Elektromotor angetrieben. Das bei der Verdichtung eingespritzte Öl wird zu einem hohen Anteil im Ölabscheidebehälter wieder von der Luft getrennt. Dann geht die Druckluft – für Verdichtungsdrücke bis 13 bar reicht dabei eine Verdichtungsstufe – über einen Nachkühler in die Druckluftaufbereitung. Typische Luftaustrittstemperaturen liegen bei Schraubenkompressoren direkt nach dem Verdichterblock bei ca. 80 °C. Der Nachkühler ist meist mit einem Wasserabscheider und einem automatischen Kondensatableiter ausgestattet, so dass ein Großteil des Kondensates bereits im Nachkühler abgeschieden werden kann. Die Druckluft verlässt den Schraubenkompressor dann mit Temperaturen, die bei guten Geräten maximal 20 °C über der Ansaugtemperatur liegen.

**Regelung von Kompressoren**

Die Regelung von Kompressoren erfolgt z. B. in Form von Start/Stopp, d. h. wenn der erzeugte Druck den oberen Schaltpunkt des Druckschalters erreicht, wird der Antriebsmotor ausgeschaltet. Wird Druckluft verbraucht und fällt somit der Druck bis zum unteren Schaltpunkt des Druckschalters, so wird der Motor wieder eingeschaltet. Diese einfache Art der Regelung findet vor allem bei Kolbenkompressoren bis 10 kW Leistung ihren Einsatz. Bei Schraubenkompressoren dagegen überwiegt die Volllast/Leerlauf-Regelung. Hierbei schaltet der Druckschalter beim Erreichen des oberen Schaltpunktes den Kompressor auf Leerlauf, so dass der Energieverbrauch gesenkt wird. Ein völliges Abschalten des Antriebes würde bei Schraubenkompressoren zu Schäden führen, da sie für Dauerbetrieb ausgelegt sind. Sobald der untere Schaltpunkt erreicht ist, geht die Maschine dann wieder auf Volllast. Gegenüber dem Start/Stopp Betrieb verbraucht eine Anlage im Volllast/Leerlauf Betrieb mehr Strom, da auch im Leerlauf noch etwa 15–40 % der Vollleistungsaufnahme verbraucht wird. Daher ist bei vielen modernen Schraubenkompressoren eine Volllast/Leerlauf-Stopp-Regelung im Einsatz, die nach einer gewissen Leerlaufzeit den Antrieb ausschaltet und erst wieder startet, wenn entsprechender Druckluftverbrauch den unteren Schaltpunkt des Druckschalters aktiviert.

Zusätzlich zu diesen in der Praxis meist anzutreffenden Regelmethoden finden sich zunehmend auch drehzahlgeregelte Schraubenkompressoren vor allem in größeren Betrieben. Je höher der Druckluftverbrauch und je höher die Bedarfsunterschiede, desto eher lohnt sich die Verwendung eines in der Anschaffung deutlich teureren Kompressors mit Drehzahlregelung. Hierbei wird auf elektronischem Wege die Antriebsdrehzahl des Motors an den aktuellen Luftbedarf angepasst und somit Energieeinsparungen von oftmals 30 % realisiert.

## 3.1 Mobile Kolbenkompressoren

Mobile Kolbenkompressoren sind in sehr vielen Handwerksbetrieben zu finden und unterscheiden sich gleichzeitig extrem stark je nach Anwendung. Unterschiedliche Leistungsklassen, Qualitätsstufen, Bauformen, Druckbereiche, Behältergrößen, Stromanschlüsse, mit und ohne Ölschmierung usw. machen eine passende Auswahl nicht immer leicht. Folgender Überblick soll daher eine Übersicht und gleichzeitig eine Hilfe darstellen, worauf bei mobilen Kolbenkompressoren beim Einsatz im Handwerk zu achten ist.

Für alle Kolbenkompressoren gilt der Grundsatz, dass sie nicht für einen kontinuierlichen Betrieb ausgelegt sind, so dass sie sich zur Deckung eines kontinuierlich hohen Druckluftbedarfs weniger eignen. Hierfür sind Schraubenkompressoren die bessere Lösung. Ansonsten lassen sich sehr viele Druckluftanwendungen im Handwerk durch die richtige Auswahl und Auslegung optimal mit Kolbenkompressoren abbilden.

> **! PROFI-TIPP**
>
> Besonderheiten, die im Handwerk relevant sein können:
> Aufgrund von TÜV-Vorschriften (siehe Anlage D) sind Behälter bis 90 l bei 10-bar-Kompressoren auf jeden Fall TÜV-frei. Manche Hersteller gehen dabei auch bis zu 100-l-Behältervolumen, wobei dies grenzwertig sein kann. Das sogenannte Druck-Inhalts-Produkt muss jedenfalls unter 1.000 liegen, um TÜV-Freiheit zu erlangen.

> **! PROFI-TIPP**
>
> Elektromotoren bis 2,2 kW können an gut dimensionierten Stromnetzen ohne Probleme mit 230 V betrieben werden. Die hohen Anlaufströme werden von den Sicherungen verkraftet. Ist jedoch bekannt, dass die Bedingungen (z.B. Stabilität des Netzes oder dessen Absicherung) nicht auf einem aktuellen Stand der Technik sind, so ist schon ab 1,8 kW, spätestens ab 2,2 kW Nennleistung eines Kompressors ein 400 V Drehstromanschluss zu empfehlen. Viele Hersteller bieten sowohl 230-V- als auch 400-V-Varianten an.

### 3.1.1 Bauart „klassisch"

**Bild 73**
Ölfreier Kompressor mit 1,1 kW Antriebsleistung und 120 l/min Füllleistung
(Quelle: Schneider Druckluft GmbH)

**Bild 74**
Ölgeschmierter Kompressor mit 3 kW Antriebsleistung, 390 l/min Füllleistung, 90-l-Behälter und 400 V Drehstromanschluss
(Quelle: Schneider Druckluft GmbH)

Eigenschaften, Merkmale:

- elektrische Anschlussleistung von ca. 0,8 – 4,0 kW
  **Achtung:** Nur bis 2,2 kW mit 230 V Lichtstrom darüber 400 V Drehstrom
- Liefermenge an Druckluft von ca. 100 l/min – 500 l/min.
- Druck bis 8 bar, 10 bar oder 15 bar
- Behältervolumen von ca. 20 l – 100 l
- Gewicht von ca. 20 kg – 100 kg
- im kleinen Leistungsbereich zum Teil ölfreie Aggregate
- unterschiedliche Drehzahlen (allgemein je niedriger desto haltbarer) zum Teil stehende Behälter zur Erhöhung der Treppengängigkeit

Ausstattungsunterschiede:

- Fahrwerk (Lenkrollen, Räder)
- Armaturen, Manometer, Sicherheitsventil, Anlaufentlastung
- Kondensatablass
- innen und außen beschichtete Behälter
- Druckminderer, Filter, Öler
- Anzahl der Luftabgänge für geölte bzw. nicht geölte Druckluft
- Schnellkupplungen bzw. Sicherheitsschnellkupplungen
- großdimensionierte Nachkühler zur Reduzierung der Feuchtigkeit in der Druckluft
- Transporthilfen, Griffe
- mit und ohne integrierte Schlauchaufroller

Besonders geeignet:

Zum Betrieb in der Werkstatt, die kleineren Modelle sind auch gut für den Transport und Betrieb auf der Baustelle geeignet.

### 3.1.2 Bauart „kompakt"

Eigenschaften, Merkmale:

- elektrische Anschlussleistung von ca. 0,8–3 kW
  **Achtung:** nur bis 2,2 kW mit 230 V Lichtstrom, darüber 400 V Drehstrom
- Liefermengen von ca. 50 l/min – 450 l/min
- Druck bis 8 bar, 10 bar, 15 bar
- Behältervolumen von ca. 2 l–20 l
- Gewicht von ca. 10 kg–75 kg
- im kleinen Leistungsbereich zum Teil ölfreie Aggregate

Ausstattungsunterschiede:

- Fahrwerk
- Tragegriffe
- Schubbügel
- Armaturen, Manometer, Sicherheitsventil, Anlaufentlastung
- Kondensatablass
- innen und außen beschichtete Behälter
- Druckminderer, Filter, Öler
- Anzahl der Luftabgänge für geölte bzw. nicht geölte Druckluft
- Schnellkupplungen bzw. Sicherheitsschnellkupplungen
- großdimensionierte Nachkühler zur Reduzierung der Feuchtigkeit in der Druckluft
- speziell gegen Schlag und Stoß geschützte Armaturen und Bedienelemente
- Elemente zum sicheren Halt beim Transport im Fahrzeug

Besonders geeignet:

Zum Transport und Betrieb auf der Baustelle, auch auf Gerüsten oder Dächern insgesamt für den eher robusteren Außen- und Inneneinsatz.

**Bild 75**
Kompressor mit 1,1 kW Antriebsleistung, 120 l/min Füllleistung und einem als Rahmen ausgebildeten 3-l-Behälter
(Quelle: Schneider Druckluft GmbH)

**Bild 76**
Kompressor mit 2,2 kW Antriebsleistung in Sackkarrenform, 260 l/min Füllleistung und 20-l-Behälter
(Quelle: Schneider Druckluft GmbH)

### 3.1.3 Bauart „geräuschgedämmt"

**Bild 77**
Tragbarer Kompressor, 0,2 kW Antriebsleistung, 8 bar und 20 l/min Füllleistung
(Quelle: Schneider Druckluft GmbH)

**Bild 78**
Fahrbarer Kompressor mit 1,9 kW Antriebsleistung, 240 l/min Füllleistung und Schalldämmhaube
(Quelle: Schneider Druckluft GmbH)

Eigenschaften, Merkmale:

- elektrische Anschlussleistung von ca. 0,2–2 kW
- Liefermengen von ca. 20 l/min–250 l/min
- Druck bis 8 bar oder 10 bar
- Behältervolumen von ca. 4 l–60 l
- Gewicht von ca. 10 kg–100 kg
- im kleinen Leistungsbereich oft ölfreie Aggregate

Ausstattungsunterschiede:

- unterschiedlich starke Geräuschdämmung
- sonst wie Bauart „klassisch" oder „kompakt"

Besonders geeignet:

Zum Betrieb in Räumen nahe an anderen Arbeitsplätzen oder wenn geringe Lautstärke gefordert ist, z. B. bei Renovierungsarbeiten in bewohnten Räumen.

## 3.1.4 Bauart „mit Benzinantrieb"

Eigenschaften, Merkmale:

- Verbrennungsmotor statt Elektromotor
- sonst wie Bauart „klassisch" bzw. „kompakt"
- erzeugt Abgase und relativ hohe Geräuschpegel

Ausstattungsunterschiede:

- wie Bauart „klassisch" bzw. „kompakt"
- Leerlauf- und Drehzahlregelungen
- 2-Takt- oder 4-Takt-Motor (wobei aus Umweltgründen der 4-Takt-Motor zu empfehlen ist)

Besonders geeignet:

Zum Betreiben unabhängig vom Stromnetz im Außenbereich.

Alle diese Kompressoren erlauben einen vollautomatischen Betrieb, d. h., nach dem Einschalten sorgt ein eingebauter Druckschalter für das Ausschalten, wenn der maximale Druck erreicht ist, und für das Einschalten, wenn der Druck entsprechend des Verbrauchs absinkt. Der für den Verbraucher notwendige Fließdruck wird unabhängig vom erzeugten Druck mithilfe des eingebauten Druckminderers jeweils passend auf die Anwendung eingestellt.

**Bild 79**
Kompressor in Sackkarrenform mit 140 l/min Füllleistung und einem 10-l-Behälter
(Quelle: Schneider Druckluft GmbH)

**Bild 80**
Fahrbarer Kompressor mit 400 l/min Füllleistung und einem 50-l-Behälter
(Quelle: Schneider Druckluft GmbH)

# Erzeugung von Druckluft

**PROFI-TIPP**

Den jeweils notwendigen Fließdruck immer abgestimmt auf das Werkzeug am Druckminderer einstellen!

**SPAR-TIPP**

**Achtung:** Zu lange Schläuche oder Schläuche mit zu geringem Innendurchmesser führen zu hohen Druckverlusten. Auf richtigen Fließdruck am Werkzeug achten.

Die ölgeschmierten Kolbenkompressoren weisen meist eine längere Lebensdauer auf, benötigen jedoch eine regelmäßige Kontrolle des Ölstandes und einen regelmäßigen Ölwechsel. Ölfreie Kolbenkompressoren haben Vorteile beim Transport – es kann kein Öl auslaufen – und bei Anwendungen, bei denen ölfreie Luft gefordert wird.

Bezüglich Drehzahl gilt die allgemeine Aussage, dass Kompressoren mit niedrigeren Drehzahlen weniger Vibrationen haben, weniger Lärm entwickeln und eine längere Lebensdauer aufweisen.

Bei den Antriebsprinzipien wird zwischen Keilriemenantrieb und Direktantrieb unterschieden. Der Keilriemenantrieb verbindet den Elektromotor mittels eines Keilriemens mit dem Aggregat, welches die Luft verdichtet, und ist die bewährte und universelle Antriebsmethode. Sie benötigt allerdings ein Mindestmaß an Wartung (Keilriemenspannung) und ab und zu einen Wechsel des Keilriemens. Beim Direktantrieb sind

**Bild 81**
Grundfunktionen mobiler Kolbenkompressoren
(Quelle: Schneider Druckluft GmbH)

Elektromotor und Aggregat mit einer Welle verbunden, so dass prinzipiell keine Wartung erforderlich ist und auch die Verluste durch den Schlupf des Keilriemens entfallen. Allerdings sind solche Konstruktionen meist aufwändiger.

Sollen Kompressoren oft mit auf die Baustelle genommen werden, so ist darauf zu achten, dass sie im Fahrzeug rutschsicher, kippsicher, auslaufsicher und somit ohne Beschädigung transportiert werden können. Entscheidend sind hierfür das Fahrwerk, die Griffe, Verzurrhilfen, die Schwerpunktlage und das Gesamtgewicht.

Das Behältermanometer zeigt den jeweils aktuellen Druck im Behälter an, das Manometer am Druckminderer zeigt den aktuell eingestellten Arbeitsdruck an, der am Luftausgang anliegt.

Der Vergleich von Kompressoren unterschiedlicher Hersteller ist nicht immer einfach, weil manche Hersteller statt der Liefermenge nur die Ansaugleistung angeben. Die Ansaugleistung ist eine theoretische Leistungsgröße, die aus Hubvolumen und Drehzahl errechnet wird. Aufgrund der begrenzten Wirkungsgrade dieser Maschinen unterscheiden sich Ansaugmenge und Liefermenge jedoch beträchtlich. Der Unterschied kann bis zu 50 % betragen. Somit sollten in einen Vergleich unbedingt nur Liefermengen einbezogen werden, wobei aufgrund unterschiedlicher Messmethoden verschieden „geschönte" Werte in Prospekten stehen können.

**PROFI-TIPP**

Vergleichen Sie niemals die Ansaugmengen, sondern immer nur die Liefermengen!

Die Angabe der Liefermenge ist normalerweise gemäß Norm temperaturkompensiert und auf Umgebungsdruck normiert, die Angabe der Füllleistung eher nicht. Sie erscheint daher höher. Angaben wie „effektive Liefermenge" sind ebenfalls ein Hinweis darauf, dass eher nach einer „Hausnorm" als nach einer DIN EN- oder ISO-Norm gemessen wird.

Eine praxisrelevante Zahl für die Füllleistung kann leicht selbst errechnet und überprüft werden. Stoppen Sie die Zeit, die der Kompressor benötigt, um den Behälter von 6 auf 10 bar zu füllen. Die Füllleistung in l/min ist dann gemäß folgender Formel zu berechnen:

$$\frac{\text{Behälterinhalt in Liter} \times \text{Differenzdruck (4 bar)} \times 60}{\text{gestoppte Zeit in Sekunden}}$$

**Bild 82**
Stationärer Kolbenkompressor mit 4 kW Antriebsleistung, 500 l/min Lieferleistung und 270-l-Behälter
(Quelle: Schneider Druckluft GmbH)

Es ist nicht auszuschließen, dass die Hersteller von Kompressoren an den oberen Rand der Wirklichkeit, die Hersteller von Druckluftwerkzeugen jedoch an den unteren Rand der Wirklichkeit gehen was die Angabe der Liefermenge bzw. des Luftverbrauchs angeht.

## PROFI-TIPP

Planen Sie die Kompressorleistung bei mobilen Kolbenkompressoren immer mit etwas „Reserve".

- Drehzahlen zwischen 800 und 1.500 1/min (prinzipiell: je niedriger desto langlebiger)

### 3.2 Stationäre Kolbenkompressoren

Oftmals sind stationäre Kolbenkompressoren die Allrounder für die Versorgung eines Handwerkbetriebes mit Druckluft. Dabei gibt es zwischen den verschiedenen Anbietern neben Qualitätsunterschieden folgende prinzipielle Unterschiede, die sich auf die Auswahl des entsprechenden Produkts auswirken.

#### 3.2.1 Bauart „mit stehendem Behälter"

Eigenschaften, Merkmale:

- elektrische Anschlussleistung von 2,0–5,5 kW (400V-Drehstrom)
- Liefermenge ca. 300–800 l/min
- Druck 10 bar oder 15 bar
- Behältervolumen von 200–500 l
- Standfläche ca. 1 m²
- Höhe 1,4–2,2 m

Ausstattungsunterschiede:

- Kondenswasser-Ablasshahn
- Handloch am Behälter
- Innen- und Außenbeschichtung der Behälter
- groß dimensionierte Nachkühler
- ab 5,5 kW ist – zumindest in Deutschland – ein Sterndreieckschalter vorgeschrieben
- Schwingungsdämpfer
- mit und ohne Kältetrockner
- mit und ohne Kondensatableitung und Öl-Wasser-Trenngerät

Besonders geeignet:

Für den Betrieb in Werkstätten aller Art, speziell wenn der Kompressor nur wenig Platz einnehmen soll.

### 3.2.2 Bauart „mit liegendem Behälter"

Eigenschaften, Merkmale:

- elektrische Anschlussleistung von 2–7,5 kW (ggf. auch größer)
- Liefermenge ca. 250–1.000 l/min
- Druck 10 bar oder 15 bar
- Behältervolumen von 90–500 l
  **Achtung:** 90-l-Behälter (auch mehrere) sind TÜV-frei
- Standfläche ca. 1–2 m²
- Bauhöhe 0,9–1,4 m
- Drehzahlen zwischen 800 und 1.500 1/min (prinzipiell: je niedriger desto langlebiger)

Ausstattungsunterschiede:

- Kondenswasser-Ablasshahn
- Handloch am Behälter
- Innen- und Außenbeschichtung der Behälter
- groß dimensionierte Nachkühler
- ab 5,5 kW ist ein Sterndreieckschalter vorgeschrieben
- Schwingungsdämpfer
- mit und ohne Kältetrockner
- mit und ohne Kondensatableitung und Öl-Wasser-Trenngerät

Besonders geeignet:

Für den Betrieb in Werkstätten aller Art, speziell wenn die Raumhöhe begrenzt ist.

**Bild 83**
Kolbenkompressor mit liegendem 270-l-Behälter, 4 kW Antriebsleistung und 500-l/min-Lieferleistung
(Quelle: Schneider Druckluft GmbH)

### 3.2.3 Bauart „mit Schalldämmung"

**Bild 84**
Kompressor stehend mit Schalldämmhaube
(Quelle: Schneider Druckluft GmbH)

# Erzeugung von Druckluft

**Bild 85**
Kompressor liegend mit Schalldämmhaube
(Quelle: Schneider Druckluft GmbH)

Eigenschaften, Merkmale:

- wie bei Kompressoren mit stehendem oder liegendem Behälter

Ausstattungsunterschiede:

- unterschiedlich starke Schalldämmung
- wie bei Kompressoren mit stehendem oder liegendem Behälter

Besonders geeignet:

Für die Aufstellung im Arbeitsraum, da geräuscharm.

Alle diese Kompressoren erlauben einen vollautomatischen Betrieb, d. h. nach dem Einschalten sorgt ein eingebauter Druckschalter für das Ausschalten, wenn der maximale Druck erreicht ist, und für das erneute Anlaufen des Kompressors, wenn der Druck entsprechend des Verbrauchs sinkt.

**Bild 86**
Aufbau und Funktion eines stationären Kolbenkompressors
(Quelle: Schneider Druckluft GmbH)

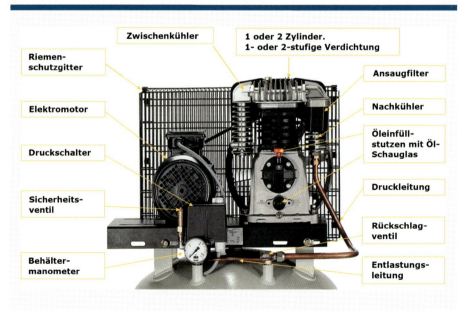

## 3.3 Stationäre Schraubenkompressoren

Schraubenkompressoren liefern einen kontinuierlichen Druckluftstrom und sind als Dauerläufer ausgelegt. Üblicherweise sind sie im Handwerk dann zu finden, wenn ein relativ gleichmäßiger Luftverbrauch vorhanden ist und wenn die Luftmenge so groß ist, dass sie mit einem Kolbenkompressor nicht mehr sinnvoll erzeugt werden kann. Dies kann sowohl beim gleichzeitigen Einsatz mehrerer Druckluftwerkzeuge der Fall sein, als auch bei der Versorgung pneumatischer Steuerungen an Produktionsmaschinen. Da in vielen Fällen im Handwerk der Druckluftbedarf aus einer Grundlast und einer Spitzenlast besteht, können beide Verdichtersysteme auch ideal miteinander kombiniert werden. Der Schraubenkompressor deckt die Grundlast und der Kolbenkompressor die Spitzenlast ab.

> **PROFI-TIPP**
>
> Der Anschluss an das zur Verteilung der Druckluft notwendige Rohrleitungssystem erfolgt am besten über einen flexiblen Druckschlauch (aber ohne Verengung des Durchmessers), um Vibrationen vom Leitungsnetz fernzuhalten.

Bei den Aggregaten wird zwischen einstufigen und zweistufigen Verdichtern unterschieden. Einstufige Verdichter (meist bis 10 bar) verdichten in einem oder zwei Zylindern bis zum Enddruck. Zweistufige Aggregate arbeiten mit einem Zylinder zur Vorverdichtung und einem Zylinder zur Nachverdichtung sowie mit einer Zwischenkühlung, so dass der thermodynamische Wirkungsgrad steigt. Die Liefermenge an Druckluft pro elektrischer Leistung in kW ist daher bei zweistufigen Aggregaten in der Regel höher. Wie Sie die Füllleistung Ihres Kompressors selbst bestimmen, ist in Kapitel 3.1 beschrieben.

> **PROFI-TIPP**
>
> Kompressoren ab 5,5 kW Motorleistung müssen zur Vermeidung von Stromspitzen über einen Stern-Dreieck-Schalter (siehe auch Kapitel 6.7) anlaufen.

### 3.3.1 Bauart „Einzelkompressor"

**Bild 87**
Schraubenkompressor mit 4 kW Antriebsleistung und 430 l/min Lieferleistung
(Quelle: Schneider Druckluft GmbH)

## Erzeugung von Druckluft

Eigenschaften, Merkmale

- elektrische Anschlussleistung von ca. 2 kW–30 kW und darüber.
  **Achtung:** In aller Regel 400 V Drehstrom
- Liefermenge an Druckluft 300 l/min bis mehrere Tausend l/min (wie z.B. 2.000 l/min bei 15 kW)
  Folgende Abstufungen sind marktüblich und im Handwerk anzutreffen:
  
  | | | |
  |---|---|---|
  | 4,0 kW | ca. | 400 l/min |
  | 5,5 kW | ca. | 600 l/min |
  | 7,5 kW | ca. | 900 l/min |
  | 11 kW | ca. | 1.500 l/min |
  | 15 kW | ca. | 2.000 l/min |
  | 18 kW | ca. | 2.500 l/min |
  | 22 kW | ca. | 3.000 l/min |

- Druck bis 8 bar, 10 bar oder 13 bar
- Geräusch 60–75 dB
- Gewicht 100 kg bis 400 kg (bei 22 kW)
- Platzbedarf Grundfläche ca. 1 x 1 m², Höhe 0,7–1,5 m

Ausstattungsunterschiede:

- Drehrichtungskontrolle
- servicefreundliche Anordnung der Komponenten wie Ölfilter, Luftfilter, Gehäuse
- Bedienfeld mit Klarschriftanzeige, Manometer, Not-Aus
- Kontroll-, Warn- und Sicherheitssysteme
- Luftführung mit der Möglichkeit der Abwärmenutzung durch Kanalanschlüsse oder Wärmetauscher
- Transporthilfen
- mindestens notwendige Wandabstände
- besonders geeignet für Handwerksbetriebe, die sich eine individuelle Druckluftanlage zusammenstellen wollen

### 3.3.2 Bauart „Kompressor auf Behälter"

**Bild 88 (links)**

Schraubenkompressor mit 22 kW Antriebsleistung und 3000 l/min Lieferleistung

(Quelle: Schneider Druckluft GmbH)

**Bild 89 (rechts)**

Schraubenkompressor mit 5,5 kW Antriebsleistung und 610 l/min Lieferleistung auf einem 270-l-Behälter

(Quelle: Schneider Druckluft GmbH)

# Stationäre Schraubenkompressoren

Eigenschaften, Merkmale:

- gleich wie 3.3.1, jedoch ist der Kompressor fest auf einem liegenden oder stehenden Behälter montiert.
- Übliche Behältergrößen sind 270 l, 2 x 90 l (TÜV-frei!), 500 l.

Ausstattungsunterschiede:

Wie 3.3.1. Die Behälter unterscheiden sich durch die Außen- und Innenbeschichtung sowie durch zusätzliche Anschlüsse, Grifflöcher und Prüföffnungen.

### 3.3.3 Bauart „Kompressor auf Behälter mit Trockner"

Geeignet für den Anwender, der auf kleinem Raum eine Komplettlösung möchte. Kompressor, Behälter und Kältetrockner sind hierbei werksseitig montiert und bilden eine aufeinander abgestimmte Einheit.

### 3.3.4 Bauart „Drehzahlgeregelter Schraubenkompressor"

Obwohl bislang überwiegend in der Industrie anzutreffen, sollten sich Handwerker vor dem Neukauf eines Schraubenkompressors unbedingt zum Thema drehzahlgeregelte (auch frequenzgeregelte genannt) Schraube informieren. Bei nicht kontinuierlichem Luftverbrauch lassen sich mit Hilfe dieser geregelten Kompressoren bis zu 35 % der Stromkosten sparen. In vielen Fällen rechnet sich so eine Anlage trotz deutlich höherer Anschaffungskosten nach kurzer Zeit. Weitere Informationen siehe Kapitel 7.4.

### 3.3.5 Bauart „Ölfrei verdichtender Schraubenkompressor"

Im Handwerk sind ölfrei verdichtende Schraubenkompressoren, die in der Industrie immer dort zum Einsatz kommen, wo möglichst ölfreie Druckluft verlangt wird (Nahrungsmittel-, Getränke-, Pharmaindustrie), eher selten zu finden. Die Maschinen sind technisch aufwändiger und daher deutlich teurer. Somit wird im Handwerk oftmals die nachträgliche Entfernung des Öls eines konventionellen Schraubenkompressors mithilfe von Filtern eine wirtschaftliche Alternative darstellen. Außerdem ist aufgrund des eventuell vorhandenen Ölgehalts in der Ansaugluft auch bei ölfrei verdichtenden Kompressoren bei entsprechenden Anforderungen an die Druckluftqualität nicht auf eine nachträgliche Aufbereitung zu verzichten.

**Bild 90**
Schraubenkompressor mit 15 kW Antriebsleitung und 2400 l/min Lieferleistung auf einem 500-l-Behälter mit angebautem Kältetrockner
(Quelle: Schneider Druckluft GmbH)

Unabhängig von der Bauart sind beim Kauf eines Schraubenkompressors neben dem Anschaffungspreis immer auch die Energieeffizienz und der Service zu betrachten. Wie viel Druckluft bekomme ich pro installierte elektrische Leistung? Die Vergleichszahl heißt m³/kW. Je besser der Wirkungsgrad des Motors und des Verdichters ist, desto weniger Stromverbrauch ergibt sich im späteren Betrieb, so dass eine scheinbare Einsparung im Kaufpreis, die infolge von weniger effizienten Komponenten zustande kommt, schnell von den jährlichen Stromkosten aufgefressen wird.

Genauso entscheidend ist die Leistungsfähigkeit des Servicepartners. Wie schnell ist der Service des Herstellers oder Vertriebspartners zur Störungsbehebung vor Ort, wie gut und wie schnell ist die Ersatzteilversorgung, welche Garantien werden gegeben, welche Servicekosten entstehen?

**SPAR-TIPP**

Lassen Sie sich beim Kauf eines Schraubenkompressors nicht nur Angebote zum Gerätepreis erstellen, sondern berücksichtigen Sie auch den Stromverbrauch pro m³ erzeugter Druckluft sowie die Serviceleistungen und Servicekosten samt Garantien.

## 3.4 Sonstige Kompressoren

### 3.4.1 Nachverdichter (Booster)

In manchen Druckluftnetzen werden unterschiedliche Druckniveaus benötigt. Dann ist es oftmals am wirtschaftlichsten, die Grundlast auf den niedrigsten Druck einzustellen.

Ein Nachverdichter ist ein Kompressor, der bereits verdichtete Luft ansaugt und auf einen höheren Druck nachverdichtet. Er wird bei Anlagen eingesetzt, die nur einen Teilstrom der Luft mit hohem Druck erfordern.

**SPAR-TIPP**

Wenn nur einzelne Anlagen einen höheren Druck benötigen, als das normale Druckluftnetz bietet, lohnt sich oftmals ein Booster, der nur diesen Teilstrom der Luft nachverdichtet.

### 3.4.2 Beistellkompressoren

Als Beistellkompressoren werden Kompressoren bezeichnet, die nicht zur Abdeckung der Grundlast verwendet werden. Sie weisen in der Regel keinen bzw. nur einen sehr kleinen Behälter auf und werden über einen elastischen Druckschlauch mit dem Hauptbehälter der Druckluftanlage verbunden.

Beistellkompressoren dienen einerseits einer Abdeckung von Spitzenlasten und andererseits als Sicherheit gegen Ausfall in Anlagen, bei denen eine 100-prozenti-

Sonstige Kompressoren

ge Versorgungssicherheit gewährleistet sein muss. In manchen Fällen werden sie auch zur Erweiterung vorhandener Kompressoranlagen genutzt, wenn die vorhandene Luftmenge zu klein ist.

### 3.4.3 Tandemkompressoren

Tandemkompressoren werden eingesetzt, wenn höchste Versorgungssicherheit gefordert ist und eine Komplettlösung bevorzugt wird. Dann sind bereits werksseitig zwei Aggregate auf einem Behälter montiert und mit einer Grundlastwechselschaltung (Steuerung der Verteilung von Grund- und Zusatz-Luftbedarf) versehen.

Somit wird einerseits Sicherheit beim Ausfall eines Kompressoraggregates gewährleistet und andererseits eine ausreichende Reserve für kurzzeitigen Spitzenbedarf bereitgestellt.

### 3.4.4 Fahrbare Kompressoren (Anhänger)

Fast alle Kompressoren, die als Anhänger gebaut hinter Fahrzeugen hergezogen und somit mobil auf Baustellen eingesetzt werden, bestehen aus einem öleingespritzten Schraubenkompressor, der von einem Dieselmotor angetrieben wird. Diese Maschinen werden eingesetzt, wenn die mit mobilen Kolbenkompressoren (Kapitel 3.1) erzeugte Luftmenge nicht mehr für die entsprechende Anwendung ausreicht. Dies ist in der Regel bei einem Verbrauch ab etwa 600 l/min der Fall.

**Bild 91**
Beistellkompressor mit 5,5 kW Antriebsleistung und 750 l/min Lieferleistung auf einem 10-l-Behälter
(Quelle: Schneider Druckluft GmbH)

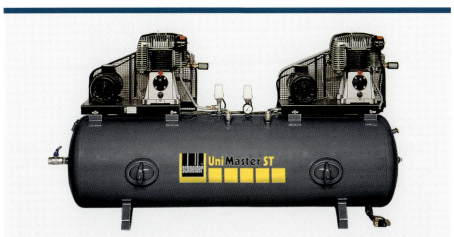

**Bild 92**
Tandemkompressor mit zwei Aggregaten auf einem 500-l-Behälter
(Quelle: Schneider Druckluft GmbH)

**Bild 93**

Fahrbarer Kompressor mit Fahrgestell und Schalldämmhaube

(Quelle: Schneider Druckluft GmbH)

Beim Einsatz dieser Kompressoren ist auf einen niedrigen Schallpegel zu achten, so dass diese auch in Wohngebieten eingesetzt werden dürfen. Ebenso gelten Grenzwerte für Abgase, die einzuhalten sind. Für Arbeiten in größeren Städten sind heute oftmals nur noch solch umweltfreundliche Kompressoren zugelassen.

Der Transport kann je nach Zulassung des Fahrgestells mit einer maximalen Geschwindigkeit von 30 km/h oder 80 km/h erfolgen.

## 3.5 Auswahlkriterien für Kompressoren

Generell sind folgende Fragen auf dem Weg zum richtigen Kompressor zu beantworten:

- Wie oft setzen Sie den Kompressor ein?
- Wo setzen Sie den Kompressor ein?
- Haben Sie Anwendungen mit mehr als 8 bar Druck?
- Ist ein geräuscharmer Betrieb notwendig?
- Ist ein Stromanschluss vorhanden und, wenn ja, 220 V Wechselstrom oder 400 V Drehstrom?
- Wie hoch ist der Luftbedarf?
- Welche Anwendungen werden mit Druckluft abgedeckt?

Bei geringem Bedarf von Druckluft oder bei einer Forderung nach Mobilität des Drucklufterzeugers ist ein mobiler Kolbenkompressor die richtige Wahl. Kriterien für diese Produktgruppe sind in Kapitel 3.1 beschrieben und hilfreich für die Auswahl passend zur Anwendung verwendbar.

Für Druckluftanwendungen, bei denen keine Mobilität erforderlich ist oder bei denen ein Luftbedarf besteht, der nicht mehr mit mobilen Kompressoren gedeckt werden kann, sind stationäre Kompressoren die richtige Wahl. Eines der wichtigsten Merkmale von Kolbenkompressoren ist der intermittierende Betrieb. Das bedeutet, dass ihre Einschaltdauer nur maximal 70 % pro Stunde betragen sollte. Die Kriterien für stationäre Kolbenkompressoren sind in Kapitel 3.2 enthalten. Schraubenkompressoren sind dagegen die Dauerläufer, die bei kontinuierlichem Luftbedarf ihre Stärken haben. Ständige Schaltspiele sind ihrer Lebensdauer abträglich, denn die notwendige Betriebstemperatur wird nicht erreicht oder nicht gehalten. Oftmals besteht der Druckluftbedarf im Handwerk aus einer Grundlast und einer Spitzenlast. Hier können beide Kompressorentypen ideal kombiniert werden. Der Schraubenkompressor (Kriterien siehe Kapitel 3.3) deckt die Grundlast und der Kolbenkompressor die Spitzenlast ab.

Aufgrund der verschiedenen Faktoren, die zu einer guten Auswahl eines Druckluftsystems gehören, kann nur jedem Handwerker geraten werden, den zumeist kostenlosen Beratungsservice seines Druckluftpartners oder der jeweiligen Hersteller zu nutzen. Damit Sie dabei mitreden können und Sie somit nicht nur den einzelnen Aussagen blind vertrauen müssen, finden Sie in diesem Buch in Kapitel 6 Hinweise zur Auslegung sowie im Anhang E Berechnungsbeispiele.

# 4 AUFBEREITUNG VON DRUCKLUFT

Die Bedeutung der Druckluftqualität wurde in Kapitel 2 beschrieben. Doch stellt sich die Frage: Wie und mit welchen Geräten und Aufwendungen ist die erforderliche Druckluftqualität zu erreichen? Beispielsweise saugt ein Kompressor mit einer Lieferleistung von 600 l/min in 8 Stunden zusammen mit der Luft rund 4 Liter Wasser in Form von Wasserdampf an (das Beispiel geht von einer Temperatur von 20 °C und einer relativen Luftfeuchtigkeit von 80 % aus) und drückt diese 4 Liter Wasser in die Druckluftversorgung. Filter können zum Entfernen der Feuchtigkeit nicht verwendet werden, sie sind wirkungslos, da Wasserdampf als Gas in der Luft enthalten ist und nur Festkörper oder Tropfen von Filtern erfasst werden.

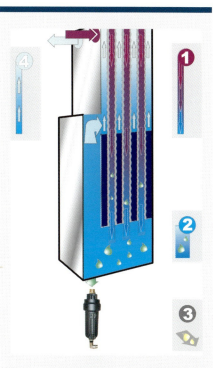

**Bild 94**
Weg der Druckluft durch einen Kältetrockner
(Quelle: Schneider Druckluft GmbH)

Erläuterungen zu Bild 94:
1. Druckluftkühlung im Luft/Luft-Wärmetauscher
2. weitere Druckluftabkühlung durch Kältemittel auf den Drucktaupunkt, Kondensat fällt aus
3. Kondensatabscheidung
4. Rückerwärmung der Druckluft im Gegenstrom

## 4.1 | Druckluft trocknen

Luftqualität der Klasse 5 und 4 nach DIN/ISO 8573-1, wie sie im Handwerk meist benötigt wird (siehe Kapitel 2), wird am wirtschaftlichsten mit einem Kältetrockner erzeugt. Wie in Anhang B beschrieben, verringert sich mit sinkender Temperatur die Fähigkeit der Luft, Wasser in Form von unsichtbarem Wasserdampf mit sich zu führen. Bei fallender Temperatur kondensiert Wasserdampf zu Wassertröpfchen und fällt aus der Luft aus (in der Natur ist dieser Effekt als Tau und als Nebel sichtbar). Der Druckluft-Kältetrockner entzieht der Druckluft genau nach diesem Prinzip das enthaltene Wasser: Die Druckluft wird in einem Wärmetauschersystem abgekühlt, der Wasserdampf kondensiert zu Wasser und das Wasser wird durch Kondensatableitsysteme aus dem Druckluftsystem abgeführt. Bei technisch aktuellen Kältetrocknern geschieht dies in zwei Phasen: In der ersten Phase wird durch die bereits gekühlte, austretende Druckluft die warme einströmende Luft in einem Luft-/Luft-Wärmetauscher gekühlt. In der zweiten Phase durchströmt die bereits vorgekühlte Luft einen Kältemittel-/Luft-Wärmetauscher. Hier findet die Abkühlung auf den geforderten Drucktaupunkt von üblicherweise 3 °C statt. Integrierte Wärmetauschersysteme und Kondensatabscheider in einer Baukomponente sind durch niedrige Druckverluste oftmals energieeffizienter als räumlich getrennte Systeme. Die Energieeffizienz kann dabei neben einem niedrigen Differenzdruck durch sogenannte Energiesparschaltungen weiter gesteigert werden. Trockner mit dieser Eigenschaft laufen nicht ständig durch, sondern passen ihre Energieaufnahme und damit den Stromverbrauch dem Durchfluss, also der zu kühlenden Druckluftmenge im Tagesverlauf, an.

**Bild 95**
Wandhängender Drucklufttrockner
(Quelle: Schneider Druckluft GmbH)

Sollen oder müssen in der Druckluft noch geringere Wassermengen enthalten sein als die Mengen, die einem Drucktaupunkt von 3 °C entsprechen, so sind diese in der Praxis nicht mehr mit den üblichen Kältetrocknern zu erreichen, da bei Drucktaupunkten unter 0 °C das Kondensat gefrieren und die Trockner vereisen würden. Erfordert eine Anwendung z. B. Qualitätsklasse 3, d. h. einen Drucktaupunkt von −20 °C, so kommen meist Adsorptionstrockner zum Einsatz. Adsorptionstrockner benötigen deutlich mehr Energie zur Drucklufttrocknung als z. B. Kältetrockner, so dass im Handwerk möglichst viel mittels Kältetrocknung gearbeitet wird und nur die tatsächlich notwendige Druckluftmenge der Qualitätsklasse 3 über einen Adsorptionstrockner geführt werden sollte.

## SPAR-TIPP

Bei Anforderungen der Qualitätsklasse 3: Möglichst nur den tatsächlichen als Qualitätsklasse 3 benötigten Luftstrom über einen Adsorptionstrockner führen, den Rest über einen Kältetrockner. Das spart Energiekosten!

Adsorptionstrockner bestehen aus zwei Behältern, die mit einem Trockenmittel gefüllt sind. Während im einen Behälter das Trockenmittel der Luft die Feuchtigkeit entzieht (physikalisch: Adsorption), wird der andere Behälter vom Druckluftsystem getrennt und regeneriert, d. h. die Feuchtigkeit wird aus dem Trockenmittel ausgetrieben. Dies kann einerseits durch bereits getrocknete Druckluft erfolgen (Kaltregeneration), oder durch Erwärmen des Trockenmittels (Warmregeneration). Adsorptionstrockner sind entweder mit einer zeitabhängigen oder mit einer beladungsabhängigen Steuerung versehen, die den Druckluftstrom zwischen den Behältern hin- und herschaltet. Bei der beladungsabhängigen Steuerung ergeben sich durch eine an die Lastsituation angepasste Regeneration reduzierte Betriebskosten gegenüber der rein zeitabhängigen Steuerung. Trotzdem werden bei einem Druck von 7 bar ca. 15–20 % des Druckluftstromes für die Regeneration benötigt. Damit das Trockenmittel seine Eigenschaften behält, muss bei ölgeschmierten Kompressoren vor dem Adsorptionstrockner unbedingt ein Ölfilter vorgeschaltet werden.

Außer den Kältetrocknern und Adsorptionstrocknern kommen gelegentlich auch Membrantrockner zum Einsatz, in denen der Wasserdampf durch Hohlfasermem-

**Bild 96**
Adsorptionstrockner für einen Drucktaupunkt von −40 °C
(Quelle: Schneider Druckluft GmbH)

**Bild 97 (links)**
Luftstrom in einem Membrantrockner
(Quelle: BEKO TECHNOLOGIES GmbH)

**Bild 98 (rechts)**
Membrantrockner
(Quelle: BEKO TECHNOLOGIES GmbH)

branen hindurch geleitet und so von der Luft getrennt wird. Man spricht dabei auch von Diffusion. Diese Membrantrockner sind eher als Endstellentrockner bei kleinsten Druckluftmengen und nicht kontinuierlichem Betrieb interessant. Sie kommen ganz ohne elektrische Energie aus. Durch ihren internen Druckluftverbrauch sind jedoch auch Membrantrockner nicht ohne Energieaufwand zu betreiben.

## 4.2 | Druckluft filtern

Filter werden eingesetzt, um Verunreinigungen (Partikel oder Tröpfchen) aus der Druckluft zu entfernen. Zu diesen Verunreinigungen zählen hauptsächlich der Ölnebel von ölgeschmierten Kompressoren, das Kondensat sowie Feststoffe. Viele Anwendungen sowie verstärkte Maßnahmen zum Schutz der Gesundheit und ein gestiegenes Umweltbewusstsein stellen hohe Anforderungen speziell in Bezug auf eine möglichst geringe Menge an Ölnebel, die an die Umgebungsluft abgegeben wird.

Filter verbrauchen aber auch Energie. Obwohl einem Filter keine eigene Energie zugeführt wird, wird durch den vom Filter verursachten Druckabfall Energie verbraucht, die zuvor vom Kompressor aufzubringen ist. Dabei gilt folgende Regel: Je höher der Filtrationsgrad, d. h. je besser die Reinheit der gefilterten Luft ist, desto höher der Druckabfall. Somit sollte der Feinheitsgrad nur so fein wie nötig gewählt werden. Ebenso bedeutend ist der rechtzeitige Austausch von mit Schmutz beladenen Filtern. Der Druckverlust (messbar über den Differenzdruck durch Filter mit Differenzdruckmanometer) steigt massiv an, wenn die Filter zugesetzt sind.

## PROFI-TIPP

Befindet sich Wasser oder Öl in Dampfform in der Druckluft, so sind normale Filter nach dem Siebprinzip nicht wirksam. Zum Abscheiden von Öldämpfen werden z. B. besondere Filtermaterialien wie Aktivkohle benötigt.

## SPAR-TIPP

Filter mit Differenzdruckmanometer einsetzen und spätestens bei Δp = 0,35 bar wechseln, so dass hohe Druckverluste durch verschmutzte Filter leicht erkennbar werden. Das spart Energie!
**Wichtig:** Das Differenzdruckmanometer zeigt den erhöhten Druckwiderstand nur bei fließender Druckluft an!

Die Energiekosten zum Ausgleich des Druckverlustes übersteigen den Preis eines Filterelementes in der Regel um ein Vielfaches. Daher lieber öfter den Filter wechseln als zu wenig. Um ein optimales Ergebnis zu erzielen, sollte die Luft so trocken wie möglich sein. Ölfilter, Staubfilter und Sterilfilter erzielen alle schlechte Ergebnisse, wenn sich Wassertropfen in der Luft befinden.

Filtern 85

**Bild 99 (links)**
Feinstfiltergehäuse mit Feinstfiltereinsatz zur Abscheidung von Öl- und Wasser-Aerosolen sowie festen Partikeln bis 0,01 μm
(Quelle: Schneider Druckluft GmbH)

**Bild 100 (rechts)**
Differenzdruckmanometer zur Anzeige, wann das Filterelement getauscht werden muss
(Quelle: Schneider Druckluft GmbH)

Ein optimal betriebener Feinstfilter kann, zusammen mit einem Vorfilter z. B. den Ölgehalt in der Druckluft auf einen Wert von 0,01 mg/m³ senken. Ein Aktivkohlefilter erreicht sogar einen Wert von 0,003 mg/m³.

Welche Anwendung benötigt nun welche Filterung? Entweder Sie bekommen vom Hersteller eine Vorgabe zur Qualität der Druckluft, aus der sich dann gemäß Kapitel 2 die Filtertype und die Filterfeinheit bestimmten lässt, oder Sie gehen ganz grob nach folgender Tabelle vor:

| Anwendung | Vorfilter | Feinstfilter | Aktivkohlefilter | Sterilfilter |
|---|---|---|---|---|
| Betrieb von Werkzeugen | X | | | |
| Betrieb von Werkzeugen und Maschinen | X | X | | |
| Hochwertige Lackierung | X | X | X | |
| Berührung mit Lebensmitteln | X | X | X | X |

**Tabelle 3**
Einsatz von Filtern bei Druckluftanwendungen im Handwerk

## 4.3 Wartungseinheiten

Unter Wartungseinheiten werden Geräte verstanden, die meist direkt vor einem Druckluftverbraucher (Maschine, Werkzeuge) in die Druckluftleitung eingesetzt werden, um für die passende Druckluftqualität zu sorgen. Funktion und Lebensdauer vieler Maschinen lassen sich mit einer passenden Wartungseinheit sehr positiv beeinflussen. Wartungseinheiten bestehen aus unterschiedlichen Zusammenstellungen von Filter/Wasserabscheidern, Druckreglern und Ölern, die je nach Luftmenge entsprechend dimensioniert werden.

**Bild 101**
Filterdruckminderer mit Nebelöler zur Montage an Maschinen oder an der Wand
(Quelle: Schneider Druckluft GmbH)

**Bild 102**
Druckminderer mit Manometer und arretierbarem Einstellknopf
(Quelle: Schneider Druckluft GmbH)

Filter werden dort eingesetzt, wo die Druckluft von Schmutzpartikeln, Rost und Kondenswasser gereinigt werden muss.

Druckregler werden dort eingesetzt, wo die ankommende Druckluft auf einen gewünschten Druck geregelt werden muss.

Öler werden dort eingesetzt, wo Druckluftwerkzeuge, pneumatische Zylinder etc. mit einer definierten Menge Öl versorgt werden müssen.

Die verschiedenen Baugrößen ¼″, ⅜″, ½″, ¾″, 1″ ergeben sich aus den maximal sinnvollen Durchflüssen, die sich aufgrund von Druckverlusten ergeben. Ein Qualitätskriterium für Wartungseinheiten sind hohe Durchflüsse bei geringem Druckabfall. Genaue Angaben zur Auslegung und Auswahl liefern Durchflussdiagramme der Hersteller, ein grober Anhaltspunkt kann folgende Tabelle sein:

| Volumenstrom | Baugröße |
|:---:|:---:|
| bis 8 l/s | reicht ¼″ |
| bis 40 l/s | reicht ½″ |

**Tabelle 4**
Welche Baugröße an Wartungseinheiten für welchen Volumenstrom?

Bei den Wasserabscheidern unterscheidet man zwischen manueller Entleerung, Halbautomatik (bei drucklosem Netz erfolgt automatisch eine Behälterentleerung) und Ablassautomatik mittels einer Schwimmersteuerung.

Druckluftöler arbeiten nach dem Venturi-Prinzip, d. h., aus einem Ölbehälter wird infolge eines Druckunterschieds Öl herausgesaugt und mit der strömenden Druckluft vermischt. Die Einstellung der Ölmenge erfolgt mit einer Drosselschraube, wobei es meist ausreicht, eine möglichst geringe Ölmenge von 1–3 Tropfen pro Minute einzustellen. Bei vielen Ölern ist das Nachfüllen des Ölbehälters auch unter Druck möglich. Dies erleichtert die regelmäßige Wartung der Anlage.

Bild 103
Zyklonabscheider
(Quelle: Schneider Druckluft GmbH)

 **PROFI-TIPP**

Wasserabscheider regelmäßig warten und ggf. entleeren, ansonsten reißt der Luftstrom das gesammelte Kondensat mit und schädigt die Verbraucher.
Beim Öler darauf achten, dass das Nachfüllen des Ölbehälters auch unter Druck möglich ist. So wird eine Wartung ohne Betriebsunterbrechung gewährleistet.

## 4.4 | Kondensatableitung

Der erste Aufbereitungsschritt nach der Kompression ist die Abscheidung von freiem Kondensat. Hierzu wird die infolge der Kompression erwärmte Druckluft in einen Druckbehälter geleitet. Durch die Abkühlung der Luft an der großen Behälteroberfläche fällt Wasser aus und sammelt sich als Kondensat am unteren Behälterboden. Bei größeren Behältern wird oftmals ein Zyklonabscheider vorgeschaltet, der mit seinem Wirbeleinsatz zur Abscheidung ebenfalls beiträgt und der Luft Wasser entzieht.

Beide Komponenten ersetzen jedoch keine Drucklufttrocknung, da nach diesem Abscheiden des „freiwillig" ausgefallenen Kondensats die Druckluft weiterhin mit 100 % Wasserdampf gesättigt ist. Jede weitere Abkühlung, z. B. auch durch Entspannung der Druckluft, wird ohne zusätzliche Trocknung zum Ausfall von Wasser in flüssiger Form führen. Das Kondensat fällt somit in einem Druckluftsystem an mehreren Stellen an:

- im Behälter
- im Zyklonabscheider
- im Kältetrockner
- in Filtern
- ggf. in Leitungen
- ggf. in Werkzeugen/im Verbraucher

Beim Kondensat handelt es sich jedoch nicht um reines Wasser, sondern um ein Gemisch aus Wasser, Staub und Öl, da sich in der angesaugten Umgebungsluft je nach Umgebungsbedingungen ansehnliche Mengen an Staub und Öl befinden, die durch die Verdichtung der Luft erheblich aufkonzentriert werden. Zusätzlich bringt der in der Regel ölgeschmierte Kompressor Öl in die Druckluft ein. Beim Kondensieren des Wasserdampfs hängen sich auch Staub und Öl an die Wassertröpfchen, so dass sich ein Öl-Wasser-Staub-Gemisch bildet. Dieses muss wie Altöl behandelt werden und darf nicht in die Umwelt oder in die Kanalisation gelangen.

- zeitgesteuerte Magnetventile
- elektronisch niveaugeregelte Kondensatableiter

Empfehlung:

Wo sinnvoll und möglich, immer elektronisch niveaugeregelte Kondensatableiter einsetzen.

> **SPAR-TIPP**
>
> Wenn Sie den Kältetrockner nicht vor dem Behälter, sondern nach dem Behälter anordnen, fällt bereits im Behälter ein Teil des Kondensates aus und die Druckluft geht mit weniger Wassergehalt und niedrigerer Temperatur in den Trockner. Somit lässt sich im Trockner Energie sparen (sofern es sich um einen geregelten Trockner, d. h. einen sogenannten Energiespartrockner handelt).

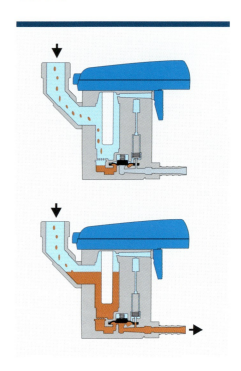

**Bild 104 (rechts)**
Funktionsweise eines elektronisch niveaugeregelten Kondensatableiters
(Quelle: BEKO TECHNOLOGIES GmbH)

Zur Kondensatableitung gibt es neben der Methode von Hand prinzipiell drei Bauarten von Kondensatableitern:

- mechanisch wirkende Schwimmerableiter

**Tabelle 5**
Vor- und Nachteile verschiedener Bauarten von Kondensatableitern

|  | mechanisch wirkende Schwimmerableiter | zeitgesteuerte Magnetventile | elektronisch niveaugeregelte Kondensatableiter |
|---|---|---|---|
| Vorteile (+) | + keine Fremdenergie<br>+ kein Druckluftverlust<br>+ geringe Investitionskosten | + mittlere Investitionskosten<br>+ geringer Platzbedarf | + kein Druckluftverlust<br>+ Meldung bei Fehlfunktion<br>+ wartungsarm<br>+ hohe Betriebssicherheit |
| Nachteile (−) | − Mechanik ist empfindlich gegen Verschmutzung<br>− wartungsintensiv<br>− keine Meldung bei Fehlfunktion | − hoher Druckluftverlust (öffnet auch, wenn kein Kondensat ansteht!) | − etwas höhere Investitionskosten |

## 4.5 Kondensataufbereitung

Kondensat aus Druckluftanlagen ist aufgrund seines Ölgehaltes ein überwachungsbedürftiger Abfall und darf per Gesetz nicht in die Umwelt entsorgt werden.

**PROFI-TIPP**

Kondensat darf nicht in die Umwelt entsorgt werden, also nicht in die Kanalisation und nicht ins Erdreich, weder in flüssiger Form, noch indem man z. B. Hobelspäne damit tränkt und diese anschließend verbrennt.

Somit gibt es im Prinzip zwei Möglichkeiten: Entweder das anfallende Kondensat sammeln und als Sondermüll entsorgen lassen (teuer!) oder das Kondensat so aufbereiten, dass der Wasseranteil in die Kanalisation abgegeben werden kann. Dieser Weg der Aufbereitung ist für die meisten Handwerksbetriebe die günstigste Lösung, um den Vorgaben des Wasserhaushaltsgesetzes zu entsprechen. Hierfür sind sogenannte Öl-Wasser-Trenngeräte vorgesehen, in denen sich die leichteren Ölbestandteile an der Wasseroberfläche absetzen und sonstige Stoffe in einer nachgeschalteten Aktivkohlestufe ausfiltriert werden.

Sie bieten Sicherheit in der Erfüllung der gesetzlichen Auflagen durch mehrere Reinigungsstufen, benötigen keine zusätzliche elektrische Energie und sind relativ wartungsarm. Die Auswahl der richtigen Größe erfolgt anhand der Kompressorleistung und den Angaben der Hersteller dieser Öl-Wasser-Trenngeräte. Das austretende gereinigte Wasser darf in die Kanalisation geleitet werden, zur gesonderten Entsorgung steht dann nur noch von Zeit zu Zeit der abgetrennte Stoff sowie die entsprechend mit Öl und Schmutz beladene Filtereinheit dieser Geräte an. Eine Kontrolle der Geräte ein Mal pro Woche ist zu empfehlen.

Und denken Sie daran, immer einen Ersatzfilter vorrätig zu haben.

**PROFI-TIPP**

Fragen Sie bei der Beschaffung von Öl-Wasser-Trenngeräten, ob diese für mineralische und synthetische Öle gleichermaßen geeignet sind. Unterschiedliche Kompressorenhersteller empfehlen unterschiedliche Öle und nicht alle Öl-Wasser-Separatoren kommen damit zurecht. Meist werden für synthetische Öle etwas größere Öl-Wasser-Trenngeräte benötigt.

# 5 SPEICHERUNG UND VERTEILUNG VON DRUCKLUFT

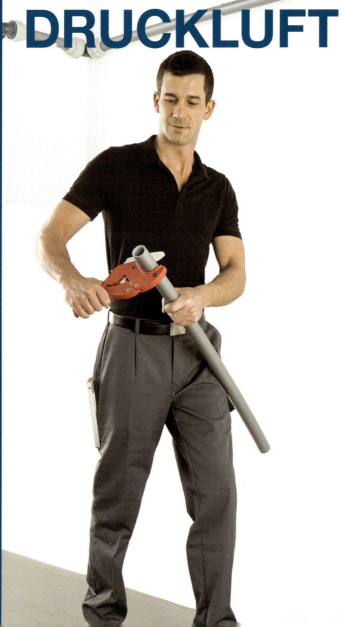

Eine optimale Speicherung und Verteilung von Druckluft setzt die geringstmögliche Reduzierung

- des Fließdruckes (Druckabfall durch Leitungsengpässe)
- der Luftmenge (Leckage)
- der Luftqualität (Rost, Schweißzunder, Wasser etc.)

voraus.

Es ist dabei erschreckend, dass in 80 von 100 Betrieben 50 % der Druckluftenergie vernichtet wird, bevor sie den eigentlichen Verbraucher erreicht. Somit ist dieses Thema eines der wichtigsten Kapitel zur Reduzierung der laufenden Betriebskosten einer Druckluftanlage.

**PROFI-TIPP**

Schenken Sie diesem Thema große Aufmerksamkeit: Investitionen in die „richtige" Ausführung der Druckluftanlage bzw. deren Optimierung amortisieren sich schnell. Auch hier gilt: Wer beim Produktpreis oder bei der Materialauswahl spart, läuft Gefahr, über die Betriebsdauer ein Mehrfaches der Ersparnisse zu verschwenden.

## 5.1 | Druckluftbehälter

Ein oder mehrere Behälter sollten in keiner Druckluftanlage fehlen. Die Behälter gleichen die stoßartigen Liefermengen von Kolbenkompressoren aus, erleichtern die Regelung der Kompressoren, sorgen dafür, dass die Kompressoren nicht zu häufig ein- und ausschalten, kühlen die Luft weiter ab und sammeln Kondensat. Daher muss auch jeder Behälter über einen Kondensatablass verfügen.

### 5.1.1 Druckluftbehälter bei mobilen Kompressoren

Bei den mobilen Kolbenkompressoren ist die Behältergröße meist ein Kompromiss, um das Gewicht des Kompressors in Grenzen zu halten. Speziell bei den Baustellenkompressoren wird meist nur ein kleiner Behälter eingesetzt, um Gewicht zu sparen. Allerdings schaltet dann der Kompressor häufiger ein, was zur Einschränkung der Lebensdauer führen kann. Generell daher die Empfehlung, eher größere Behälter zu bevorzugen. Bei den in der Werkstatt eingesetzten mobilen Kompressoren, bei denen es nicht so sehr um ein geringes Gewicht geht, dürfen die Behälter daher deutlich größer sein. 50–100 l sind dort die Regel. Wenn der Kompressor nicht ortsfest betrieben werden soll, sondern in der Werkstatt hin- und her bewegt wird, achten Sie auf ein Fahrwerk mit großen Rädern hinten und Lenkrollen vorne. Dann ist auch ein Kompressor mit einem 90-l-Behälter und 100 kg Gewicht noch leicht verschiebbar. Die Grenze nach oben ist durch eine TÜV-Vorschrift gegeben, nach der alle Behälter mit einem Druck-Literprodukt von 1.000 und mehr regelmäßig durch einen Sachverständigen zu überprüfen sind. Bei einem Maximaldruck von 10 bar und einem Behältervolumen von 100 l wäre diese Grenze erreicht, zumal das Sicherheitsventil am Kompressor erst bei über 11 bar auslöst. Daher gehen viele Kompressorhersteller auf die sichere Seite und liefern mobile Kolbenkompressoren mit Behältern bis zu maximal 90 l aus. Diese sind dann im Betrieb mit 10 bar Kompressoren auf jeden Fall TÜV-frei.

Die Behälter selbst sind zum Schutz vor Korrosion beschichtet, zumindest außen. Dies kann durch Verzinken oder Pulverbeschichten erfolgen. Manche Behälter sind auch innen beschichtet. Dies hat zwei Vorteile. Die Hersteller übernehmen für innenbeschichtete Behälter meist eine langjährige Garantie gegen Durchrostung und das sich im Behälter sammelnde Kondensat verursacht keine Rostflecken, wenn es einmal versehentlich auf den Werkstattboden oder auf den Boden der Baustelle ausläuft. Rost ist außerdem immer wieder ein Streitthema, da Behälter ohne Innenbeschichtung nach mehreren Jahren in aller Regel angerostet sind und der TÜV durchaus auch die Zulassung absprechen kann.

### 5.1.2 Druckluftbehälter bei stationären Kompressoren

Bei stationären Kompressoren spielt normalerweise das Gewicht nur eine untergeordnete Rolle, so dass größere Behälter von z. B. 270 l, 500 l oder mehr die Regel sind. Manchmal gibt es jedoch Fälle, bei denen der Platz für den Kompressor nur eine gewisse Höhe oder nur eine gewisse Stellfläche erlaubt. Dann werden die Behälter nach den räumlichen Gegebenheiten z. B. stehend oder liegend gewählt. Wenn es Ihnen sehr wichtig erscheint, keine regelmäßigen TÜV-Prüfungen im Kompressorraum haben zu müssen, dann wählen Sie beispielsweise einen Kompressor mit 2 x 90-l-Behältern, d. h. mit zwei Behältern, von denen jeder für sich die Grenze der TÜV-Pflicht einhält. Damit entgehen Sie bei 10-bar-Kompressoren der Aufstellungsprüfung sowie den wiederkehrenden Prüfungen durch den TÜV. Ansonsten gilt es, darauf zu achten, dass der Behälter ein gut zugängliches Handloch für die Prüfung hat und dass der Hersteller eine lange Garantie gegen Durchrostung gibt. 15 Jahre sollten das Minimum sein, da stationäre Kompressoren in der Regel langlebige Investitionsgüter darstellen. Diese Lebensdauer der Behälter wird z. B. durch Verzinken oder eine eingebrannte Innenbeschichtung erreicht.

## PROFI-TIPP

Auf lange Durchrostungsgarantie des Herstellers achten.

Empfehlenswert sind auch Gummi-Schwingelemente an den Füßen der Behälter, so dass diese einen sicheren Halt und eine gute Schwingungsdämpfung aufweisen.

## PROFI-TIPP

Druckluftbehälter niemals starr am Boden verschrauben, es besteht ansonsten die Gefahr, dass sich mit der Zeit Schwingungsrisse bilden.

In Bereichen, die sehr sensibel gegen Ölverschmutzungen sind, bietet sich die Aufstellung des Behälters in einer Sicherheitswanne an. So wirken sich eventuelle Leckagen nicht auf dem gesamten Boden aus.

Beachtenswert ist bei jedem Behälter, dass ein gut zugänglicher Kondensatablass an der Unterseite des Behälters vorhanden ist. Ein niveaugeregelter elektronischer Kondensatableiter sollte dort einfach montierbar sein.

Die Auslegung des Behälters ist abhängig von der Art des Kompressors (mit Schraube oder Kolben), von der Lieferleistung und von der Verbrauchscharakteristik in Ihrem Betrieb. Ein Beispiel dazu finden Sie in Anhang E.

Wenn bei einer Verbrauchsstelle in Ihrem Betrieb ein sehr großer Druckluftbedarf während eines kurzen Zeitraums besteht, so macht es keinen Sinn, den Kompressor und das Druckluftnetz für diesen großen Bedarf auszulegen. In diesem Fall sollte ein zusätzlicher Behälter dicht am Verbraucher installiert werden.

## SPAR-TIPP

Tritt bei einem Verbraucher ein sehr großer Luftbedarf jeweils für kurze Zeit ein, so lohnt sich ein zusätzlicher Behälter dicht am Verbraucher, anstatt den Kompressor und die Leitung auf diesen Kurzzeitbedarf auszulegen.

## 5.2 | Rohrleitungen

Jedes Druckluft-Rohrleitungsnetz sollte so ausgelegt werden, dass das Energiemedium Druckluft weitgehend verlustfrei zu den Verbraucherstellen transportiert wird, und zwar:

- ohne Verlust der Qualität (Öl, Wasser, Rost, sonstige Partikel)
- ohne Verlust der Luftmenge (Leckagen)
- ohne Verlust des Druckes (Druckabfall)
- ohne Verlust der Sicherheit (langlebige Materialien)

## PROFI-TIPP

Die Rohrleitung sollte so dimensioniert sein, dass bis zur „Zapfstelle" des Verbrauchers nur 0,1 bis 0,2 bar verloren gehen kann.

Eine gut sichtbare Kennzeichnung der Rohrleitungen ist nicht nur im eigenen Interesse, sondern sie ist auch als Vorschrift vorhanden (VBG1, DIN 2403): „Eine deutliche Kennzeichnung der Rohrleitungen nach dem Durchfluss-Stoff ist im Interesse der Sicherheit und der wirksamen Brandbekämpfung unerlässlich. Sie soll auf Gefahren hinweisen, um Unfälle und gesundheitliche Schäden zu vermeiden. Schilder oder Aufkleber sind an betriebswichtigen Punkten (z. B. Anfang, Ende, Abzweige, Wanddurchführung, Armaturen) anzubringen."

**Bild 105**

Kennzeichnungspflicht von Rohrleitungen nach dem Durchfluss-Stoff

(Quelle: Schneider Druckluft GmbH)

**Bild 106**

Optimal gekennzeichnete Druckluftleitung

(Quelle: Schneider Druckluft GmbH)

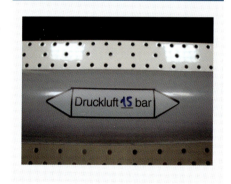

**Bild 107**

Druckluftrohre aus Edelstahl mit 15 und 19 mm Durchmesser

(Quelle: Schneider Druckluft GmbH)

Korrosionsbeständige Rohrsysteme, die speziell für Druckluftanwendungen entwickelt wurden, sorgen für eine einwandfreie Druckluftqualität. Kunststoff, Aluminium und Edelstahl bieten sich an und sind in verschiedenen Ausführungen am Markt verfügbar. Zusätzlich werden die traditionellen Werkstoffe aus dem Wasserbereich, also verzinkte Stahlrohre und Kupferrohre verwendet. Diese sind aber oftmals ungeeignet, da durch das entstehende Kondensat Korrosionsgefahr besteht. Weil in vielen Fällen Sanitärunternehmen die Druckluftleitungen verlegen und diese nicht immer die notwendigen Kenntnisse über Druckluft mitbringen, gibt es in diesem Bereich oft Fehlanwendungen mit „Spätfolgen".

**Edelstahl:**

- besonders hygienisch und daher oftmals vorgeschrieben in der Reinraumtechnik oder in der Lebensmittelverarbeitung
- ideal im Sichtbereich dank hochwertiger Optik
- für Innen- und Außeninstallationen geeignet

## Aluminium:

- für Innen- und Außeninstallationen geeignet
- stark, stabil, robust
- leicht und mit wenigen Rohrklemmen einfach verlegbar

## Kunststoff (z. B. Polyamid oder Polyethylen):

- als Rollenware und als Stangenware erhältlich
- wiegen gegenüber herkömmlichen Stahlrohren etwa 75 % weniger und können daher ohne teure Haltevorrichtungen einfach mit Rohrklemmen an Decken und Wänden befestigt werden
- normalerweise nur im Innenbereich verwendbar, doch in spezieller UV-beständiger Ausführung auch im Außenbereich einzusetzen
- auch für Erdverlegung geeignet
- nicht in explosionsgeschützten Bereichen anwenden

**Bild 108**
Polyamidrohre in Durchmesser von 15–63 mm
(Quelle: Schneider Druckluft GmbH)

Eine wichtige Rolle beim Thema Rohrleitung spielt auch die Art und Weise der Verbindung der einzelnen Rohre. Es gibt dafür geschweißte, geklebte, geschraubte und gesteckte Systeme.

**Bild 109 (links)**
Pulverbeschichtete Aluminiumrohre in Durchmessern von 15–63 mm
(Quelle: Schneider Druckluft GmbH)

## Geschweißte/gelötete Leitungen:

- dauerhaft dicht
- zeitaufwändig, durch Fachmann zu verlegen
- starr
- bekannte und bewährte Technik
- Temperatureinfluss beim Schweißen oder Löten auf das Rohr und auf die Umgebung

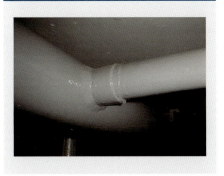

**Bild 110**
Druckluftleitung geschweißt
(Quelle: Schneider Druckluft GmbH)

**Geklebte Leitungen:**

- dauerhaft dicht
- zeitaufwändig, durch Fachmann zu verlegen
- starr

**Geschraubte/geklemmte Leitungen:**

- einfach zu verlegen
- flexibel veränderbar und erweiterbar
- kein Einfluss von Hitze, Chemikalien, offene Flamme auf den Rohrleitungswerkstoff und auf die Umgebung
- zerstörungsfrei demontierbar
- wiederverwendbar
- es gibt professionelle Systeme mit TÜV-Zertifikaten für dauerhafte Dichtheit (bis 15 bar)

**Gesteckte Leitungen:**

- schnell und einfach zu verlegen
- kein Einfluss von Hitze, Chemikalien, offene Flamme auf den Rohrleitungswerkstoff
- Flexibel veränderbar und erweiterbar
- zerstörungsfrei demontierbar, wiederverwendbar
- es gibt professionelle Systeme mit TÜV-Zertifikaten für dauerhafte Dichtheit (bis 15 bar)
- unempfindlich gegen Schwingungen und Wärmeunterschiede

> **! PROFI-TIPP**
>
> Bei den am Markt erhältlichen und für das Handwerk sehr gut geeigneten unterschiedlichen Stecksystemen aus Kunststoff oder Metall gibt es von System zu System deutliche Unterschiede in der Robustheit, in der Passgenauigkeit (Längsspiel) und in der qualitativen Ausführung der Haltekrallen, so dass nicht allein der Preis bei der Wahl entscheiden sollte.
> Für Drucklufsysteme sind spezielle Verbinder erforderlich. Die Verbinder für Wasserinstallationen haben ungeeignete Dichtungen.

**Bild 111**
Schraub-/Klemmverbinder für Druckluftleitung
(Quelle: Schneider Druckluft GmbH)

**Bild 112**
Druckluftleitung mit Steckverbinder
(Quelle: Schneider Druckluft GmbH)

**Ersatz-Rohrleitungslängen für Armaturen**

Betriebsüberdruck 7 bar, Δ P (max.) 0,2 bar, Strömungsgeschwindigkeit (max.) 10 m/s

| Armatur | Vergleichbar mit | 3/8" | 1/2" | 3/4" | 1" | 1 1/4" | 1 1/4" | 1 1/2" | 2" | 2 1/2" |
|---|---|---|---|---|---|---|---|---|---|---|
| ø | innen | 12 | 14 | 18 | 24 | 28 | 32 | 38 | 50 | 63 |
| ø | außen | 15 | 18 | 22 | 28 | 32 | 40 | 50 | 63 | 80 |
| Kugelhahn | 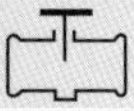 | 0,1 | 0,2 | 0,3 | 0,4 | 0,5 | 0,5 | 0,6 | 0,7 | 0,8 |
| Winkel |  | 0,7 | 1,0 | 1,3 | 1,5 | 2,0 | 2,0 | 2,5 | 3,5 | 4,0 |
| Rohrkrümmer r=d |  | 0,1 | 0,2 | 0,3 | 0,3 | 0,4 | 0,4 | 0,5 | 0,6 | 0,9 |
| Rohrkrümmer r=2d |  | 0,1 | 0,1 | 0,1 | 0,2 | 0,2 | 0,2 | 0,3 | 0,3 | 0,4 |
| T-Stück | 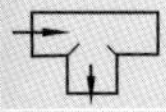 | 0,8 | 1,0 | 1,5 | 2,0 | 2,5 | 2,5 | 3,0 | 4,0 | 5,0 |
| Reduzierstück 2d auf d | 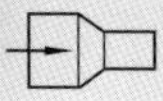 | 0,4 | 0,5 | 0,5 | 0,6 | 0,7 | 0,7 | 0,8 | 1,0 | 1,5 |

**Bild 113**
Ersatz-Rohrleitungslängen für Armaturen
(Quelle: Schneider Druckluft GmbH)

Zur Dimensionierung eines Leitungsnetzes sollte auf jeden Fall eine Berechnung gehören. Ihre Grundlage ist ein maximaler Druckabfall von 0,1 bar im Leitungsnetz. Im Einzelnen rechnet man mit folgenden Druckverlusten:

| | |
|---|---|
| Hauptleitung | 0,03 bar |
| Verteilungsleitung | 0,03 bar |
| Anschlussleitung | 0,04 bar |

Es genügt dabei nicht, die geraden Meter Rohr in eine Berechnungstabelle einzusetzen, sondern jeder Bogen, jeder Abzweig, jedes Formteil, jede Absperrvorrichtung ist zu berücksichtigen. Hierzu gibt es von den Herstellern dieser Bauelemente pro Teil sogenannte „Ersatz-Rohrleitungslängen", die angeben, welcher zusätzlichen Länge an Rohr dieser Bogen oder dieses Reduzierstück strömungstechnisch entspricht. Das Rohrsystem ist so gerade wie möglich zu verlegen. Biegungen etwa beim Umgehen von Stützpfeilern kann man vermeiden, indem man die Rohrleitung in einer geraden Linie neben dem Hindernis verlegt. Absperreinheiten sollten als Kugelhähne mit vollem Durchgang ausgeführt sein und 90-Grad-Ecken sollten durch groß dimensionierte 90-Grad-Bogen ersetzt werden. Die Hauptleitung sollte ein Gefälle von zwei Promille haben und am tiefsten Punkt dieser Leitung ist ein Kondensatablass vorzusehen. Rohrleitungen im trockenen Bereich können horizontal verlegt werden.

Sanierung einer bestehenden Druckluftrohrleitung:
Sind in einer Anlage ständig Partikel zu finden oder ist ein zu hoher Druckabfall vorhanden, so sind oftmals Ablagerungen in den Rohren und Korrosion die Ursache. Ein Freiblasen der Leitungen hilft dabei nicht zuverlässig, meist ist ein Austausch der Leitung erforderlich. Insbesondere auch dann ist ein Austausch er-

forderlich, wenn über längere Zeit ein Druckluftnetz ohne Trockner oder ohne Ölfilter betrieben wurde. Würden nur Trockner und Ölfilter nachgerüstet werden, so würde das nicht zu dem gewünschten Effekt an der Verbraucherstelle führen. Aus den nun trockenen Leitungen würden sich über unbestimmte Zeit Schmutz- und Korrosionspartikel lösen und der fest haftende Ölfilm würde ebenfalls zu einer ständigen Kontamination führen. Sind die Leitungen jedoch qualitativ völlig in Ordnung und nur zu eng geworden, weil sich der Verbrauch erhöht hat, so ist das Ziehen einer Parallelleitung, die mit der Stichleitung vernetzt ist, eine gute Alternative zum völlig neuen Aufbau. Bei Ringleitungen bietet sich entsprechend die Erweiterung mit einem zweiten Ring an. Ist ein solches Doppelring- oder Doppelstichsystem richtig dimensioniert, ergibt es den Vorteil einer noch sicheren Druckluftverteilung.

Überhaupt bietet sich meistens die Installation einer Ringleitung an. Von dieser Ringleitung können dann einzelne Stichleitungen zu den Verbrauchern gelegt werden. Die Ringleitung hat den Vorteil, dass bei einem kurzzeitig erhöhten Verbrauch die Luft aus zwei Richtungen zum Verbraucher strömen kann.

**Bild 114**
Wandwinkel
(Quelle: Schneider Druckluft GmbH)

**Bild 115**
Luftverteilerdose mit Schnellkupplung
(Quelle: Schneider Druckluft GmbH)

## 5.3 Verteiler und Rohrleitungsdosen

In jeder Werkstatt, in der eine Druckluftrohrleitung verlegt wird oder bereits verlegt ist, stellt sich die Frage, wie die Abgänge zu den einzelnen Verbrauchern gestaltet werden sollen. War es früher üblich, einfach das Rohr mit einem Blindstopfen enden zu lassen und bei Bedarf eine Schnellkupplung einzuschrauben, so finden sich heute sehr vielfältige, praktische und flexibel erweiterbare Systeme an Verteiler- und Rohrleitungsdosen. Sie stellen die Verbindung zwischen dem Rohrleitungssystem und dem Druckluftverbraucher dar und ermöglichen eine variantenreiche Gestaltung der Druckluftentnahme. Außerdem sind sie ein Basisträger für die Wartungsgeräte wie Druckminderer, Filterdruckminderer oder Öler.

Je nach Hersteller und System sind Rohrleitungsdosen als Lufteingangsdose, Luftdurchgangsdose und Luftverteilerdose nutzbar. Manche sogar mit rückseitigem Abgang, so dass die Montage nicht nur an Wand oder Decke sondern auch auf Kabelpritschen/Kabelkanälen erfolgen kann. Diese Systeme sind bei zunehmendem Bedarf an Abgängen nahezu beliebig erweiterbar. Zu empfehlen ist jeweils ein Absperrhahn vor jeder Dose, so dass Teile des Leitungsnetzes abgesperrt werden können und dadurch Montagearbeiten auch während des Betriebes der Anlage möglich sind.

Speziell in Verbindung mit den passenden Rohrsystemen ergeben sich bei solchen Rohrleitungsdosen große Vorteile bezüglich des Installationsaufwands und der Flexibilität für spätere Veränderungen oder Erweiterungen in einer Werkstatt. Für hohe Luftbedarfe bzw. für die Hauptleitung vom Kompressor stehen 1"-Dosen zur Verfügung (die dann zu einem 28-mm-Rohrsystem passen), für die weitere Versorgung der Werkstatt reichen in aller Regel ½"-Dosen in Verbindung mit 22-mm-, 18-mm- und 15-mm-Rohren. Die Auslegung und Dimensionierung erhalten Sie meist kostenlos durch einen entsprechenden Hersteller oder durch den Druckluftspezialisten, der solche Systeme installiert. Auch eine Eigenmontage ist in aller Regel unproblematisch.

**Bild 116**
Endverteilerdose mit Absperrhahn und zwei Schnellkupplungen
(Quelle: Schneider Druckluft GmbH)

**Bild 117**
Endverteilerdose mit Kugelhahn und drei Sicherheitsschnellkupplungen
(Quelle: Schneider Druckluft GmbH)

**Bild 118**
Endverteilerdose mit Kugelhahn, Filterdruckminderer und zwei Schnellkupplungen
(Quelle: Schneider Druckluft GmbH)

## 5.4 | Energieampeln

Als Energieampel werden Vorrichtungen bezeichnet, die – meist von der Decke hängend – für eine Druckluft- und Stromzufuhr an Arbeitsplätzen sorgen. Der große Vorteil ist sicherlich die Vermeidung von Stolperfallen auf dem Boden, weil dort keine Kabel und keine Schläuche mehr liegen. Speziell auch Arbeitsplätze, die nicht entlang einer Wand liegen, können mittels Energieampeln einfach und sicher mit Strom und Druckluft versorgt werden.

**Bild 119**
Energieampel mit Lichtstrom und Kraftstrom sowie ungeölter und geölter Druckluft

(Quelle: Schneider Druckluft GmbH)

Verschiedene Hersteller bieten unterschiedliche Bauformen an, wobei das Grundprinzip gleich ist. In der gewünschten Höhe angebracht, unterscheiden sich Energieampeln im Wesentlichen durch ihre Anzahl an Anschlüssen für Druckluft, Lichtstrom und Drehstrom sowie durch die Robustheit in der Ausführung. Manche Energieampeln sind fest in der Höhe fixiert, andere hängen über Kopfhöhe und werden bei Bedarf herabgezogen. Des Weiteren gibt es Zubehör wie Schutzbügel und Haken für Kabel, Schläuche etc., so dass die jeweilige Arbeitsplatzsituation optimal berücksichtigt werden kann.

## 5.5 | Schläuche

Schläuche zum Transport der Druckluft zur Endverbraucherstelle sind im Handwerk die Regel. Trotz der hohen Bedeutung der Schläuche im Druckluftsystem werden gerade sie oftmals vernachlässigt. Und das hat Nachteile bezüglich der Sicherheit und der Wirtschaftlichkeit zur Folge.

Die am Markt erhältlichen Schläuche unterscheiden sich nicht nur sehr deutlich in den Preisen, sondern auch in ihren Eigenschaften, wie z. B. Robustheit, Beständigkeit, Flexibilität, Druckverlust, Knickfestigkeit.

Um eine gute Beweglichkeit und einen geringen Druckverlust zu gewährleisten, sollten Schläuche eigentlich nicht länger als 5 m, in Ausnahmen auch einmal 10 m, sein. Müssen dennoch große Längen mittels Schlauch überbrückt werden, so sind dann auf jeden Fall deutlich größere Innendurchmesser zu verwenden, als dies für einen 5-m-Schlauch bei dem verwendeten Werkzeug notwendig wäre. Gänzlich ungeeignet ist daher die Verlängerung durch das Zusammenstecken von mehreren kürzeren Schläuchen. Der

Schlauchdurchmesser ist insgesamt zu gering, die zwischengeschalteten Kupplungen reduzieren die Durchflussmenge weiter und bergen zusätzliche Leckagerisiken.

Für den Einsatz in der Werkstatt oder auf der Baustelle sind ausschließlich robuste Druckluftschläuche mit Gewebeeinlage aus PVC, PUR oder Gummi einzusetzen (die Druckluftschläuche ohne Gewebeeinlage sind eher für den stationären Einsatz an Steuerungen sowie in der Labortechnik oder Mess- und Regeltechnik geeignet).

> **! PROFI-TIPP**
>
> Achten Sie beim Kauf auf möglichst flexible Schläuche, die auch bei niedrigen Temperaturen weich und elastisch bleiben und keine Stolperfallen in Form von Schlaufen bilden.

Die meisten handelsüblichen Druckluftschläuche sind mit einer Aufschrift versehen, die den maximalen Druck angibt. 15-bar-Schläuche sind für die meisten Anwendungen ausreichend, bei Steuerungen können oft auch 8-bar-Schläuche eingesetzt werden. Sind Drücke über 15 bar erforderlich, sind entsprechend spezielle Hochdruckschläuche zu verwenden.

Nahezu alle Schläuche gibt es als Rollenware in Längen von 10, 25, 50 m zu kaufen, viele auch bereits konfektioniert mit Schnellkupplungen und Stecknippeln in Längen von 5 und 10 m. Dies hat den Vorteil, dass Sie sofort arbeitsfähig sind und nicht mit Schlauchklemmen die Anschlüsse erst noch installieren müssen. Sollten Sie jedoch selbst installieren oder auch einen Schlauch reparieren: Benutzen Sie Schlauchschellen mit möglichst glatten Rändern. Also keine Schraubklemmen. Mit ihren scharfkantigen Blechzungen bringen Schraubklemmen mit Schneckentrieb eine hohe Verletzungsgefahr mit sich.

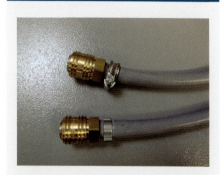

**Bild 120**
Schläuche mit Schraubklemme bzw. Zweiohrklemme

(Quelle: Schneider Druckluft GmbH)

> **! PROFI-TIPP**
>
> Sauber aufgepresste Zweiohrklemmen sind gegenüber Schraubklemmen eine verletzungssichere Lösung.

Zweiohrklemmen werden in der Praxis oftmals mit einer Kneifzange montiert. Dies ist nicht fachgerecht, da die Schneiden der Kneifzange die Schelle vorschädigen können, und dann bei Vibrationen die Schelle leicht brechen kann. Eine Investition in eine Schlauchschellen-Klemmzange (30–40 €) ist daher aus Sicherheitsgründen dringend anzuraten.

Eine weitere – vielfach unbekannte und daher wenig genutzte – Möglichkeit zur Erhöhung der Sicherheit bei der Verwendung von Schläuchen ist der Einsatz von Schlauchbruchsicherungen (auch Blocksicherung oder Schlagsicherung genannt). Die Sicherungen schließen die Luftzufuhr beim Bruch oder beim Platzen eines Schlauches oder auch wenn sich Schlauchverbindungen plötzlich lösen, so dass die Verletzungsgefahr durch peitschende Schläuche drastisch reduziert wird. Die Wahl der richtigen Sicherung richtet sich nach dem Luftbedarf der Werkzeuge und dem Schlauchdurchmesser.

Spiralschläuche werden vielfach an Arbeitsplätzen verwendet, wenn die Luftzufuhr von oben erfolgt. Zusammen mit Balancern (Federzug zum Gewichtsausgleich des Druckluftwerkzeuges) sind sie ideal z. B. für Montagearbeitsplätze. Spiralschläuche sind aber auch große Energiefresser, da sie hohe Druckverluste aufweisen. Meist weisen sie einen eher geringen Innendurchmesser und eine große gestreckte Länge auf. Druckverluste von 0,5 bar sind dabei keine Seltenheit. Dies kann einen deutlich negativen Einfluss auf die Leistungsfähigkeit des angeschlossenen Werkzeuges haben.

An Werkstoffen für Spiralschläuche sind Polyamid (PA, Nylon) und Polyurethan (PU) üblich, wobei PU der hochwertigere Werkstoff ist. Er lässt sich mit kleineren Windungsdurchmessern herstellen, ist in einem sehr weiten Temperaturbereich einsetzbar und ist robust und abriebfest.

## PROFI-TIPP

Bei der Verwendung von Spiralschläuchen unbedingt den Fließdruck direkt am Werkzeugeingang messen und entsprechend den Herstellerangaben einstellen, um nicht mit zu niedrigem Druck zu arbeiten.

## SPAR-TIPP

Spiralschläuche eher selten einsetzen, da sie meist höhere Druckverluste aufweisen. Und wenn, dann mit möglichst kurzer Länge und möglichst großem Durchmesser

## PROFI-TIPP

Schlauchbruchsicherungen schließen die Druckluftzufuhr beim Bruch eines Schlauches und verhindern Verletzungen, die durch peitschende Schläuche entstehen können.

**Bild 121**

Spiralschlauch aus Polyurethan (PU)

(Quelle: Schneider Druckluft GmbH)

**Bild 122**

Automatischer Schlauchaufroller mit 12 m Schlauch

(Quelle: Schneider Druckluft GmbH)

Zur Organisation des Arbeitsplatzes gibt es verschiedene manuelle oder automatische Schlauchaufroller. Während die manuellen Schlauchaufroller mehr einer elektrischen Kabeltrommel ähneln und daher für den Einsatz auf Baustellen gut geeignet sind, bieten sich die automatischen Schlauchaufroller für die Wandmontage und damit für den Einsatz in der Werkstatt an. Auch hierbei gilt die Regel, möglichst große Innendurchmesser und möglichst geringe Längen zu verwenden, um den Druckverlust möglichst gering zu halten.

Eine Besonderheit gibt es zu beachten, wenn in Bereichen gearbeitet wird, in denen z. B. durch lösemittelhaltige Dämpfe zündfähige Luft-Gas-Gemische entstehen. Dort sind zur Vermeidung von Zündgefahren infolge elektrostatischer Aufladungen sogenannte antistatische Druckluftschläuche zu verwenden. Diese sind speziell gekennzeichnet und müssen einen Widerstand von weniger als $10^6$ $\Omega$/m aufweisen.

**PROFI-TIPP**

Beim Lackieren oder Beschichten antistatische Druckluftschläuche verwenden.

## 5.6 | Kupplungen

Es ist interessant, dass Kupplungen und Nippel bei Schlauchverbindungen oftmals ein Schattendasein fristen, obwohl sie vom Anwender täglich benutzt werden, obwohl es so große Unterschiede in der Bedienerfreundlichkeit gibt und obwohl diese Verbindungsstücke großen Einfluss auf den Druckverlust und damit auf die Kosten haben. Es lohnt sich in jeder Werkstatt, die verwendeten Kupplungen und Stecknippel auf ihre Druckverluste, auf ihre Ergonomie und Sicherheit hin zu überprüfen.

**PROFI-TIPP**

Testen Sie Kupplungen unbedingt unter Druck und mit etwas öligen Händen. Gute Kupplungen lassen sich auch dann noch leicht bedienen. Bedenken Sie: Kupplungen gehören zu den am häufigsten bedienten Elementen eines Druckluftsystems.

**SPAR-TIPP**

Bei Kupplungen nur auf den Preis zu achten, wäre an der falschen Stelle gespart. Eine Kupplung mit angenehmer Handhabung, mit geringem Druckverlust und hoher Sicherheit amortisiert sich schnell.

**Bild 123**
Schnellkupplung aus Stahl mit Schlauchtülle
(Quelle: Schneider Druckluft GmbH)

**Bild 124**
Stecknippel aus Stahl mit Außengewinde
(Quelle: Schneider Druckluft GmbH)

Eine gute Kupplung ist dicht, lässt sich (speziell auch unter Druck!) mit wenig Kraftaufwand betätigen, ist langlebig und robust und ist auch mit ölverschmierten Händen noch gut bedienbar.

Grundsätzlich gibt es folgende unterschiedliche Kupplungen und Stecknippel:

- Sicherheits-Schnellkupplungen aus Stahl
- Schnellkupplungen aus Stahl
- Schnellkupplungen aus Messing
- Klauenkupplungen aus Messing

Diese werden jeweils von unterschiedlichen Herstellern in verschiedenen Ausführungen und zu sehr unterschiedlichen Preisen von etwa 2,– € bis 30,– € angeboten.

Die Klauenkupplungen werden im Handwerk eher selten eingesetzt. Sie sind für Maschinen und Werkzeuge mit sehr hohem Luftdurchsatz gedacht, wie z.B. Presslufthämmer oder große Winkelschleifer, können Druckluftmengen bis zu etwa 200 l pro Sekunde mit einem Druckabfall unter 0,2 bar durchleiten und werden meist mit Gummischläuchen von 20 mm oder mehr an Innendurchmesser kombiniert.

Am häufigsten sind in Werkstätten die Schnellkupplungen und Stecknippel aus Messing zu finden. Sie haben den niedrigsten Preis und werden daher oftmals als Grundausstattung bei mobilen Kompressoren oder fertig konfektionierten Schläuchen angeboten. Nachteilig ist bei den Schnellkupplungen und Stecknippeln aus Messing ihr eher rascher Verschleiß aufgrund der geringen Materialfestigkeit sowie relativ hohe Bedienkräfte und eine nur wenig ausgeprägte Rutschsicherheit bei öligen Händen.

Aufgrund ihres konstruktiven, meist einfachen Aufbaus haben diese Kupplungen oft auch eine eher begrenzte Durchflusskapazität und somit einen höheren Druckverlust.

Schnellkupplungen und Stecknippel aus Stahl sind bei Markenherstellern oftmals für die Industrie entworfen, wo es um Effizienz und Lebensdauer geht. Sie sind aber auch für das Handwerk eine gute Wahl, wenn nicht nur auf den Einstandspreis, sondern auch auf die Lebensdauer und auf Energieeinsparung geachtet wird. Eine gute Schnellkupplung aus Stahl hat eine Durchflusskapazität von rund 2.000 l/min, eine niedrige Kuppelkraft auch unter Druck und ist sehr abriebfest.

**PROFI-TIPP**

Nippel + Kupplung sollten aus demselben Material sein, um eine optimale Dichtheit zu erzielen. Die Kombination Stahl/Stahl sorgt für einen geringeren Verschleiß und eine langwährende Dichtheit.

Die Empfehlung, sowohl aus Sicherheitsgründen als auch wegen der guten Ergonomie und einer langen Lebensdauer, geht jedoch eindeutig zu Sicherheits-Schnellkupplungen aus Stahl. Je nach Hersteller gibt es Ausführungen, die alle positiven Eigenschaften in sich vereinen:

- lange Lebensdauer aufgrund des gehärteten Stahls
- gute Bedienbarkeit und geringe Kuppelkräfte auch unter Druck und mit öligen Händen
- hohe Durchflusskapazität von bis zu 2.000 l/min
- Sicherheit für den Bediener

**Bild 125**

Sicherheits-Schnellkupplung aus Stahl, die den Nippel erst freigibt, wenn der Druck abgebaut ist.

(Quelle: Schneider Druckluft GmbH)

Was bewirkt eine Sicherheits-Schnellkupplung und wo ist sie sinnvoll?

Kuppelt man einen Schlauch z. B. von einem mobilen Kompressor oder von einer Verteilerdose ab, so entspannt sich die im Schlauch befindliche Luft schlagartig. Ein explosionsartiger Knall wird hervorgerufen und schon ab einer Schlauchlänge von etwa 3 m kann das lose Schlauchende wie eine Peitsche durch die Luft schlagen. Sowohl der Knall als auch die peitschenden Schläuche stellen eine Verletzungsgefahr dar. Die Sicherheits-Schnellkupplung ist so gebaut, dass sie die Luft nur langsam aus dem Schlauch entweichen lässt und erst dann den Nippel freigibt. Der Entkuppelungsvorgang verläuft also zweistufig: zuerst langsam entlüften, dann das Öffnen der Verbindung in sich. Sicherheits-Schnellkupplungen sind überall dort sinnvoll, wo ein Schlauch angeschlossen werden kann: an mobilen und stationären Kompressoren, an Leitungsenden, an Verteilerdosen, an Rohrleitungsdosen. Nicht ganz so sicherheitsrelevant sind Sicherheitskupplungen am Ende des Schlauches an der Verbindung zum Werkzeug, doch ist auch dort eine gute und unter Druck leicht bedienbare Kupplung ein großer Vorteil für die tägliche Arbeit und somit empfehlenswert.

Für alle Arten von Anschlüssen gibt es die Kupplungen und Sicherheitskupplungen mit Außengewinde, mit Innengewinde und mit Schlauchtüllen in verschiedenen Durchmessern sowie den dazu passenden Stecknippeln.

# 6 AUSLEGUNG EINER DRUCKLUFTANLAGE

## 6.1 Aufstellort eines Kompressors

Idealerweise sollte für die Aufstellung von Kompressoren ein eigener Raum zur Verfügung stehen. Ein in einem Gebäude abgegrenzter Bereich oder ein einzelner Raum kann gut als Kompressorraum verwendet werden, wenn folgende Aspekte berücksichtigt sind:

- die Schallabstrahlung des Kompressors
- die Möglichkeiten zur Belüftung des Raumes zur Wärmeabfuhr
- die Kondensatentsorgung
- die Existenz von explosiven Substanzen in der Luft
- die Existenz von aggressiven Substanzen in der Luft
- die Staubbelastung
- die Zugänglichkeit zu Überwachungs- und Servicezwecken

Falls im Inneren von Gebäuden kein Platz vorhanden ist, können Kompressoren auch im Freien unter einem Schutzdach aufgestellt werden. Allerdings müssen dann die Leitungen und Ventile sowie die kondensatführenden Teile vor dem Einfrieren bewahrt werden. Hierzu sind eventuell Zusatzheizungen erforderlich, so dass ein frostfreier Raum im Inneren eines Gebäudes immer vorzuziehen ist.

Normalerweise reicht ein ebener Boden mit entsprechender Tragfähigkeit aus, um einen Kompressor aufzustellen. Da die erforderlichen Vibrationsdämpfer meist schon im Lieferumfang des Kompressors enthalten sind, ist bauseits keine weitere Maßnahme erforderlich. Die Ansaugluft eines Kompressors muss sauber und frei von festen und gasförmigen Schadstoffen sein. Wenn die Umgebungsluft viel Staub enthält, ist auf einen guten Luftfilter zu achten sowie auf eine regelmäßige Reinigung des Vorfilters, so dass hier kein unnötiger Druck- und Energieverbrauch entsteht.

**SPAR-TIPP**

Regelmäßig den Ansaugfilter eines Kompressors reinigen, so dass der Kompressor die Luft „frei" ansaugen kann.

Die angesaugte Luft sollte so kalt wie möglich sein. Daher die Luft möglichst von außen ansaugen, idealerweise von der Nord- oder zumindest Schattenseite eines Gebäudes. Die Kanäle sollten rostfrei sein und mit einem Gitter abgedeckt werden, so dass kein Schnee, Regen, Blätter oder andere Gegenstände angesaugt werden. Die Temperatur im Kompressorraum sollte auch unter Volllast und im Sommer 35 °C nicht übersteigen und ansonsten sich nicht um mehr als 7–10 °C gegenüber der Umgebungstemperatur erhöhen. Genauere Angaben machen hierzu die Hersteller. Elektrische oder elektronische Bauteile könnten ansonsten Schaden nehmen, Bauteile schneller altern, Lagerschäden vorzeitig auftreten und insgesamt die Lebensdauer des Kompressors verkürzen.

Bei zu hohen Temperaturen sind daher thermostatisch gesteuerte Lüfter einzusetzen, die die warme Luft am besten unter der Decke erfassen und nach außen drücken.

## SPAR-TIPP

Im Kompressorraum sollte die Temperatur nicht mehr als 7–10 °C über der Umgebungstemperatur liegen und unter 35 °C bleiben. Die genauen Aufstellungsbedingungen entnehmen Sie bitte der Bedienungsanleitung des jeweiligen Herstellers.

## 6.2 Auslegung einer Druckluftleitung

Für strömende Druckluft ist jede Leitung, jede Richtungsänderung, jede Armatur, jedes Fitting (T-Stück, Bogen, Winkel, usw.) ein Widerstand, der in seiner Summe den gesamten Druckverlust einer Rohrleitung ergibt. Für eine optimale Weiterleitung der Druckluft ist es außerdem wichtig, eine Strömungsgeschwindigkeit von 5–10 m/s nicht zu überschreiten.

Als Mindestanforderung für die Dimensionierung einer Druckluft-Rohrleitung sind 6 Faktoren zu ermitteln:
1. Liefermenge/Volumenstrom des Kompressors (Auffällig stoßartige, kurzzeitige Verbräuche ebenfalls beachten!)
2. Länge der Rohrleitung
3. Welcher Werkstoff soll verwendet werden?
4. Wie viele Abnahmestellen sind geplant?
5. Ringleitung oder Stichleitung
6. Anzahl und Typ der zu installierenden Armaturen, Winkel, T-Stück etc.

Praktisches Beispiel zur Berechnung siehe Anhang E.

## PROFI-TIPP

Wer bei den Anschaffungskosten einer Druckluftrohrleitung spart, wird bei den Folgekosten zur Kasse gebeten.

Beispiel einer Rohrleitung mit 200 m Länge bei 6 bar Druck und 0,2 m³/s Volumenstrom:

Tabelle 6
Abhängigkeit der Energiekosten vom Rohrleitungsdurchmesser

| Rohrinnen-durchmesser | Druckabfall | Investitionskosten | Energiekosten zur Kompensation des Druckabfalls |
|---|---|---|---|
| 90 mm | 0,04 bar | 10.000,– € | 150 €/Jahr |
| 70 mm | 0,2 bar | 7.500,– € | 600 €/Jahr |
| 50 mm | 0,8 bar | 3.000,– € | 3.000 €/Jahr |

## 6.3 | Auslegung der Filter

Die Anwendung bestimmt die Art und den Umfang der notwendigen Filterung (siehe Kapitel 4.2). Die Auslegung der einzelnen Filter erfordert Daten zum Betriebsdruck an der jeweiligen für den Filter vorgesehenen Stelle sowie über den maximalen Volumenstrom. Die Katalogangaben der Hersteller beziehen sich meist auf einen auf 7 bar normierten Eingangsdruck, für abweichende Drücke gibt es von den Herstellern Korrekturfaktoren.

Beispiel siehe Anhang E.

## 6.4 | Auslegung eines Kältetrockners

Wichtige Herstellerangaben sind der Drucktaupunkt in Verbindung mit einem Volumenstrom, der Druckverlust sowie die Leistungsaufnahme eines Kältetrockners. Meist werden diese Werte unter folgenden Referenzbedingungen

- Drucklufteintrittstemperatur 35 °C
- Umgebungstemperatur 25 °C
- Eingangsdruck 7 bar
- Soll-Drucktaupunkt 3 °C

ermittelt, die mehr oder weniger stark von den jeweiligen Bedingungen in der Praxis abweichen. Hersteller bieten hierfür Tabellen mit Korrekturfaktoren an (siehe Anhang E).

Für die Auslegung der Leistungsgröße eines Trockners sind folgende Kriterien notwendig:

- Luftbedarf der Anwendung
- Lieferleistung des Kompressors
- größtmögliche Abweichung der Betriebsbedingungen von den Referenzbedingungen

Berechnungsbeispiel siehe Anhang E.

Prinzipiell gibt es zwei Möglichkeiten für die Installation des Trockners: vor dem Druckluftbehälter oder nach dem Druckluftbehälter. Sofern keine schlagartig großen Luftverbräuche im praktischen Betrieb vorkommen, ist die Anordnung nach dem Behälter vorzuziehen.

| Installation des Trockners vor dem Druckluftbehälter ||
|---|---|
| **+** | **−** |
| kein Wasserausfall im Behälter | Trocknerauslegung bestimmt durch Kompressoren-Liefermenge und Temperatur |
| Kompressor-Liefermenge ist die maximale Luftmenge für den Trockner | Trocknung eines Teilluftstroms nicht möglich |

Tabelle 7
Vor- und Nachteile der Installation eines Trockners vor dem Druckluftbehälter

**Tabelle 8**
Vor- und Nachteile der Installation eines Trockners nach dem Druckluftbehälter

| Installation des Trockners nach dem Druckluftbehälter | |
|---|---|
| **+** | **–** |
| Trockner kann für Teilluftstrom ausgelegt werden | Trockner kann bei schlagartig großem Luftverbrauch überfahren werden |
| niedrigere Eintrittstemperatur der Druckluft und damit weniger Energieverbrauch | Kondensat im Druckluftbehälter |
| Ein Großteil des Kondensats fällt bereits im Behälter aus, dadurch ergibt sich weniger Belastung für den Trockner. | |

## 6.5 Auslegung eines Kolbenkompressors

Bei der Auslegung eines Kolbenkompressors sind Faktoren wie Druckluftbedarf, Druck, Gleichzeitigkeit, Einschaltdauer, Geräusch, Behältergröße relevant. An einem Praxisbeispiel im Anhang E ist das Vorgehen nachvollziehbar dargestellt.

## 6.6 Auslegung eines Schraubenkompressors

Zur Auslegung eines Schraubenkompressors ist es erforderlich, die entsprechenden Luftbedarfe und deren zeitliche Verteilung zu kennen. Nur wenn ein einigermaßen kontinuierlicher Verbrauch über den Tagesverlauf festzustellen ist, bietet sich eine Schraube an. Bei kleinen Verbräuchen und nur zeitweisem Luftbedarf sind Kolbenkompressoren geeigneter. In den meisten Fällen besteht der Druckluftbedarf in Handwerksbetrieben aus einer Grundlast und einer Spitzenlast. Hier können beide Verdichtersysteme ideal kombiniert werden. Der Schraubenkompressor deckt die Grundlast, der Kolbenkompressor die Spitzenlast ab.

**PROFI-TIPP**

Bei der Neuanschaffung oder Erweiterung einer Druckluftanlage immer auch prüfen, ob eine Kombination von Schraubenkompressor und Kolbenkompressor Vorteile bezüglich Grundlast- und Spitzenlastabdeckung bietet.

## 6.7 Elektrischer Anschluss

Aufgrund des Anlaufverhaltens von Elektromotoren und des unterschiedlichen Ansprechverhaltens von Sicherungen in Gebäuden und auf Baustellen sind Kompressoren nur bis maximal 2,2 kW Antriebsleistung mit 230 V Lichtstrom problemlos zu versorgen (in manchen Ländern sogar nur bis 1,8 kW). Ansonsten laufen die Kompressoren nicht mehr richtig an bzw. die Sicherungen der Stromversorgung lösen aus. Daher sind Kompressoren mit 3 kW und mehr ausschließlich mit 400-V-Drehstromanschluss zu empfehlen. Wenn Ihnen bekannt ist, dass Sie mit „schwachen" Stromnetzen zu tun haben, ist zu prüfen, ob Sie bereits Ihren 2,2-kW-Kompressor nicht mehr in 230 V, sondern in 400-V-Ausführung kaufen sollten. Speziell im Winter, d.h. bei niedrigen Temperaturen (z.B. nach einer Nacht im Fahrzeug), kann ein 2,2-kW-Kompressor in 230-V-Ausführung aufgrund des dann besonders zähflüssigen Öls Anlaufprobleme verursachen.

### ! PROFI-TIPP

Wenn Ihnen bekannt ist, dass Sie mit „schwachen" Stromnetzen zu tun haben, ist zu prüfen, ob Sie bereits Ihren 2,2-kW-Kompressor nicht mehr in 230-V-, sondern in 400-V-Ausführung kaufen sollten.

### 6.7.1 Stern-Dreieck-Schalter

Beim direkten Einschalten eines Elektromotors entsteht ein hoher Anlaufstrom, der 6–10 Mal so hoch ist wie der Motornennstrom. Der Stern-Dreieck-Schalter schützt den Elektromotor vor Überlastungen beim Einschalten und ist für Maschinen, die mit Drehstrom 400 V betrieben werden ab einer Leistung von 5,5 kW Vorschrift. Indem man beim Einschalten erst auf Stern (Symbol Y) schaltet, dann wartet, bis die Maschine auf Drehzahl kommt und erst dann weiter auf Dreieck (Symbol Δ) schaltet, reduziert man den Strom in der Anlaufphase auf ungefähr $1/3$ des Startstroms beim Direktanlauf und schont durch diesen zweistufigen Anlauf den Motor.

**Bild 126**

Anschlussfertiger Stern-Dreieck-Schalter mit Notausfunktion

(Quelle: Schneider Druckluft GmbH)

# 114 Auslegung einer Druckluftanlage

**Bild 127**

Phase 1 Anlauf: Sternschaltung der Motorwicklungen

Phase 2 Dauerbetrieb: Dreieckschaltungen der Motorwicklungen

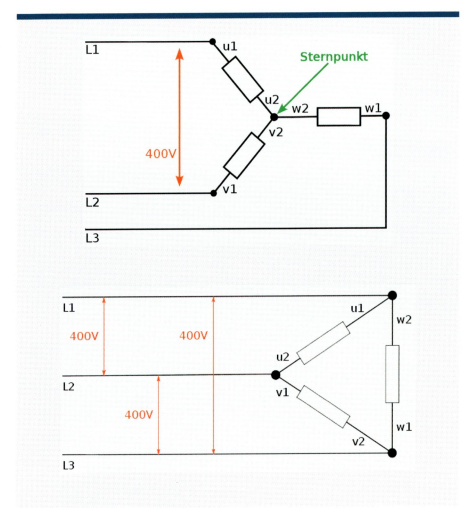

Die Alternative zum Stern-Dreieck-Schalter ist bei manchen großen Kompressoren ein werksseitig eingebauter Sanftanlauf. Dieser besteht aus einem elektronischen Motorstarter, der an Stelle von mechanischen Schützen Halbleiter verwendet. Die Halbleiter werden zeitlich so angesteuert, dass der Motor mit einem gleichmäßig ansteigenden Strom versorgt wird. So entsteht ein sanfter Start, der den Startstrom auf etwa das Dreifache des Nennstroms begrenzt.

### 6.7.2 Verwendung von Verlängerungskabeln

Speziell auf Baustellen ist es oftmals erforderlich, zum Anschluss des Kompressors mit Verlängerungskabeln zu arbeiten. Dabei können schwerwiegende Fehler gemacht werden, die zur Überhitzung der Kabel und des Kompressors führen können. Sogar ein Brand ist nicht ausgeschlossen.

Je länger das Kabel und je kleiner der Kabelquerschnitt ist, desto höher steigt die Temperatur und desto höher wird der Spannungsabfall. Je nach Qualität und Auslegung des Kompressors und je nach Ausführung des Verlängerungskabels können Probleme schon ab 25 m Kabellänge auftreten. Länger als 100 m sollte ein Kabel auf keinen Fall sein. Und auf jeden Fall immer nur komplett abgewickelte Kabel verwenden, niemals auf der Kabelrolle aufgerollte.

> **! PROFI-TIPP**
>
> Möglichst keine Verlängerungskabel über 50 m einsetzen und diese immer vollständig abrollen. Nach einiger Zeit überprüfen, ob die Temperatur von Kabel oder Kompressormotor nicht ungewöhnlich hoch ist. Ansonsten besteht Schmor-/Brandgefahr an Kabel und Kompressormotor infolge Überhitzung durch Spannungsabfall im Verlängerungskabel.

## 6.8 Auslegung des Behälters

Die Auslegung der Behältergröße einer Druckluftanlage ergibt sich aus der Liefermenge des Kompressors und dem maximalen kurzzeitigen Verbrauch sowie einer maximal zulässigen Anzahl von Schaltspielen des Kompressormotors.

Für Werkstätten übliche Behältergrößen bei mobilen Kompressoren sind 50 l und 90 l (bei Anwendungen auf der Baustelle auch deutlich darunter), bei stationären Kompressoren finden sich oftmals 270-l- oder 500-l-Behälter im Einsatz.

Ein Berechnungsbeispiel findet sich in Anhang E.

# 7 WIRTSCHAFTLICHKEIT DER DRUCKLUFT

Der Energiebedarf ist der für die Gesamtkosten einer Druckluftanwendung entscheidende Faktor. Es ist daher wichtig, die gesamte Anlage vom Kompressor bis zum Verbraucher so auszulegen, dass sowohl alle Anforderungen an den Volumenstrom und die Druckluftqualität erfüllt sind als auch die eingesetzte Energie so wirtschaftlich wie möglich verwendet wird.

## 7.1 | Kosten der Druckluft

Eine Untersuchung des Bayerischen Landesamtes für Umweltschutz ergab folgende Kosten in Handwerksbetrieben:

1. Handwerksbetriebe mit sporadischem oder geringem Druckluftbedarf – das sind 85 % aller Handwerksbetriebe (Beispielbetriebe: Autohäuser, Baubetriebe, Schreinereien):
Dort sind z. B. 3–5,5-kW-Kolbenkompressoren vorhanden, die zwischen 10 und 1.000 Stunden pro Jahr laufen. Die Jahreskosten (nur Strom für Druckluft) betragen zwischen 15,– und 300,– €, davon Jahreskosten für Leckagen von 14,– bis 285,– €. Eine Einsparung durch Abschalten bei Betriebsschluss läge zwischen 10,– € und 220,–€.

**PROFI-TIPP**

Als Richtgröße kann in Deutschland für die meisten Handwerksbetriebe von einem Preis von rund 15 Cent pro m³ Druckluft ausgegangen werden (Stand 2010).

2. Handwerksbetriebe mit kontinuierlichem Druckluftbedarf (Beispiel: Galvanik).
Dort sind z. B. 11-kW-Schraubenkompressoren installiert, die etwa 2.000 Stunden pro Jahr laufen. Die Jahreskosten (nur Strom für Druckluft) betragen zwischen 1.700,– € und 3.000,– €.

**PROFI-TIPP**

Als Richtgröße ergibt sich bei kontinuierlichem Bedarf ein Preis von ca. 2–5 Cent pro m³ Druckluft.

3. Handwerksbetriebe mit größerem Druckluftbedarf (Beispiel: Metallbau, größere Schreinerei, Mühle).
Dort sind Schraubenkompressoren bis 40-kW-Leistung installiert, die 2.000–4.000 Stunden pro Jahr laufen. Die Jahreskosten an Strom für Druckluft betragen zwischen 380,– € und 2.000,– €. Durch ein Abschalten jeweils nach Betriebsschluss ließen sich bis zu 1.300,– € einsparen.

**PROFI-TIPP**

Als Richtgröße ergibt sich bei „Großverbrauchern" ein Preis von ca. 1–2 Cent pro m³ Druckluft.

Die Gesamtkosten der Druckluft beinhalten jedoch nicht nur Stromkosten, sondern setzen sich zusammen aus

- Investitionskosten
- Energiekosten
- Wartungskosten
- Personalkosten

und jeder einzelne Kostenblock lässt sich entsprechend beeinflussen, wenn man die entsprechenden „Kostentreiber" identifiziert und die Anlage dann auch konsequent optimiert. So spielen z. B. Leckagen eine wichtige Rolle. Schon ein Loch von nur 1 mm Größe kostet im Jahr etwa 240,– €.

**Tabelle 9**
Zusätzliche Stromkosten infolge von Leckagen

| Lochdurchmesser (mm) | Ausströmende Luftmenge bei 6 bar (l/min) | zusätzliche Stromkosten bei 8000 h/Jahr und 10 ct/kWh (€/Jahr) |
|---|---|---|
| 1 | 72 | 240 |
| 3 | 660 | 2.220 |
| 5 | 1.854 | 6.180 |

Auch ein nicht korrekt angepasster Betriebsdruck kostet Geld.

**PROFI-TIPP**

Jedes bar zusätzliche Verdichtung erfordert 6–10 % mehr Antriebsenergie am Kompressor.

Bei den Personalkosten sind die Kosten gemeint, die sich durch die Arbeitszeit ergeben, in der mit Druckluftwerkzeugen gearbeitet wird. Ein Druckluftwerkzeug bringt nur beim richtigen Fließdruck die volle Leistung. Schon bei einem Druck, der um 1 bar unter dem Auslegungsdruck z. B. von 6,3 bar liegt, trägt ein Druckluftschleifer ca. 25 % weniger Material ab und der Mitarbeiter benötigt somit 25 % länger. Schleift ein Mitarbeiter z. B. 4 h pro Tag an 100 Tagen im Jahr, so benötigt er bei einem um 1 bar zu geringen Fließdruck (z. B. infolge zu gering dimensionierter Schläuche) 100 Stunden länger, um dieselbe Arbeit zu verrichten. Bei 30,– € Stundensatz sind das Mehrkosten pro Jahr in Höhe von 3.000,– € an einem einzigen Arbeitsplatz!

## 7.2 Möglichkeiten zur Kosteneinsparung

### 7.2.1 Wahl des richtigen Kompressors

Handwerksbetriebe benötigen überwiegend Druckluft nicht Tag und Nacht in gleicher Menge, sondern haben einen schwankenden Bedarf. In diesen Fällen ist meist ein Kolbenkompressor eine gute Wahl, d. h. er schaltet z. B. nachts ab und geht nicht in einen Leerlaufbetrieb der weiterhin Energie benötigen würde. So entsteht kein Stromverbrauch über die tatsächliche Kompressorlaufzeit hinaus.

**SPAR-TIPP**

Kolbenkompressoren sind für schwankende und nur zeitweise anfallende Druckluftbedarfe ideal, weil sie keinen Leerlaufbetrieb haben, sondern tatsächlich abschalten und somit keinen weiteren Strom verbrauchen, wenn keine Druckluft abgenommen wird.

Für Verbräuche über etwa 1.000 l pro Minute und für einen Dauerlastbetrieb sind dagegen Schraubenkompressoren besser geeignet. Allerdings führen Unkenntnis über den tatsächlichen Luftbedarf und ein zu großer „Sicherheitszuschlag" oft zur Anschaffung überdimensionierter Schraubenkompressoren. Diese können den Energiebedarf unnötig erhöhen, da sie, bevor sie abschalten, in den Leerlaufbetrieb gehen und auch im Leerlauf etwa 30 % ihres Energiebedarfs unter Volllast verbrauchen. Man sollte darauf achten, dass der Kompressor nicht nur die standardmäßige Regelung gemäß „Volllast-Leerlauf-Ausschalten" zulässt, sondern auch eine Regelung „Volllast-Ausschalten" besitzt, um eventuell bei Bedarf die Leerlaufzeiten zu reduzieren. Dabei müssen unbedingt die Empfehlungen der Hersteller beachtet werden, da Schraubenkompressoren empfindlich auf zu häufige Kaltstarts reagieren.

**SPAR-TIPP**

Schraubenkompressoren nicht zu üppig dimensionieren, da sie auch im Leerlauf Stromkosten verursachen. Daher vor dem Kauf den tatsächlichen und den zukünftigen realistischen Druckluftbedarf ermitteln!

Achten Sie bei Kompressoren auf die spezifischen Energieverbräuche. Die entscheidende Kenngröße ist der Energiebedarf in kW zur Erzeugung von 1 m³ Druckluft. Hierin unterscheiden sich die Produkte nachhaltig. Bei einem Kompressor, der z. B. 6 kW/m³ verbraucht, kann sich ein höherer Kaufpreis, gegenüber einem Kompressor der 8 kW/m³ benötigt, schnell über die Energieeinsparung amortisieren.

**SPAR-TIPP**

Vergleichen Sie vor dem Kauf oder vor der Sanierung eines Kompressors den spezifischen Energieverbrauch in kW pro erzeugtem m³ Druckluft.

### 7.2.2 Kompressorenlaufzeit optimieren

Um die Leerlaufzeiten und die Schaltspiele eines Schraubenkompressors zu minimieren, gibt es mehrere Möglichkeiten:

1. Abschalten des Kompressors außerhalb der Betriebszeiten.
   Damit wird Strom gespart und der Kompressor lebt länger.

2. Verwendung eines größeren Druckluftbehälters.
   Je größer der Behälter ist, desto länger arbeitet der Kompressor am Stück und desto seltener schaltet er auf Leerlauf bzw. wieder auf Volllast.

3. Einstellen einer größeren Schaltdifferenz (Spreizung des Druckbandes).
   Je größer die Schaltdifferenz, d. h. die Spanne zwischen oberem Ausschaltpunkt und unterem Einschaltpunkt, ist desto seltener schaltet der Kompressor.
   Aber **Achtung:** Gleichzeitig sollten diese Punkte so nahe als möglich beim benötigten Druck liegen, d. h. hier liegt ein Interessenskonflikt vor.

**SPAR-TIPP**

Kompressor außerhalb der Betriebszeiten möglichst ganz ausschalten. Sollte in diesen Zeiten noch ein kleiner Druckluftbedarf vorhanden sein, lohnt sich eventuell ein separater kleiner Kompressor.

Ein zu groß gewählter Kolbenkompressor geht nach dem Auffüllen des Behälters immer in den Stillstand und verbraucht dann keine Energie, ein zu groß gewählter Schraubenkompressor verursacht durch die Nachlaufzeit im Leerlauf einen unnötig hohen Energieverbrauch.

**SPAR-TIPP**

Schraubenkompressoren nicht zu groß wählen. Sie verbrauchen im Leerlauf unnötig Energie.

### 7.2.3 Leckagen reduzieren

Bei der Leckage wird unterschieden zwischen der Leckagemenge = verlorene Druckluft in m³/h und der Leckagerate in % = Anteil der verlorenen Druckluft bezogen auf die erzeugte Druckluft. Die Auswirkung von Leckagen wird reduziert, wenn der Kompressor außerhalb der Betriebszeiten ausgeschaltet wird.

Wendet ein Betrieb z. B. für die „Versorgung" von Leckagen bei durchgehendem Betrieb rund 1.200,– an Stromkosten pro Jahr auf, so lassen sich davon allein 800,– € einsparen, wenn regelmäßig nach Arbeitsende und am Wochenende der Kompressor ausgeschaltet wird. Noch höher wird die Einsparung, wenn außerdem die Leckagen regelmäßig aufgespürt und beseitigt werden.

Möglichkeiten der Kosteneinsparung

## SPAR-TIPP

Monatlich einen Rundgang im Betrieb durchführen (wegen des niedrigen Geräuschpegels möglichst außerhalb der Arbeitszeiten!) mit gezielter Aufmerksamkeit auf Pfeif- und Zischgeräusche durch ausströmende Druckluft, dann die Leckagen beseitigen.

Typische Leckagestellen sind:

- undichte Schraubverbindungen, Flansche, Armaturen
- undichte Werkzeuge
- beschädigte Schläuche
- undichte Schlauchanschlüsse und Steckkupplungen
- fehlerhafte Kondensatableiter
- undichte Absperrhähne

## SPAR-TIPP

Regelmäßige Kontrolle der Kompressorlaufzeiten durchführen und Werte grafisch aufbereiten. Erhöhen sich die Laufzeiten bei gleich bleibendem Arbeitsvolumen, sind vermutlich unerkannte Leckagen die Ursache.

Wie lässt sich auf einfache Weise, d. h. ohne aufwändige Messtechnik, eine Leckage im Druckluftsystem feststellen?

**Methode:**

Am Druckluftsystem wird ohne die üblichen Verbraucher, d. h. in der Regel außerhalb der normalen Arbeitszeit, eine Druckverlustmessung am Behältermanometer durchgeführt.

**Beispiel:**

Kompressor 10 bar Maximaldruck, 500-l-Behälter, 4 kW Motor, 500 l/min Liefermenge:

⇨ Behälter wird gefüllt bis Maximaldruck 10 bar x 500 l = 5.000 l Druckluft

Der Behälterdruck sinkt infolge von Leckage in 10 Minuten
⇨ von 10 bar auf 8 bar.

Daraus berechnet sich die Leckage zu
⇨ 2 bar x 500 l = 1.000 l in 10 Minuten = 100 l/min.

Bei 100 l/min gehen demnach 20 % der Kompressorleistung verloren.
Das sind 0,8 kW.

An zusätzlichem Stromverbrauch entstehen dadurch (bei über Nacht nicht abgeschaltetem Kompressor):
⇨ 0,8 kW x 24 h x 230 Arbeitstage/Jahr = 4.416 kWh.

Bei 15 ct/kWh ergeben sich dadurch vermeidbare Kosten in Höhe von 662,– € pro Jahr.

### 7.2.4 Betriebsdruck möglichst niedrig halten

Ein zu hoch eingestellter Betriebsdruck erhöht ebenfalls den Energieverbrauch. Mit jedem bar, das der Kompressor höher verdichten muss, steigt der Energieverbrauch um 6–10 %. Nicht selten wird ein zu hoher Druck am Kompressor erzeugt, der dann über zu hohe Druckverluste auf den Weg zum Verbraucher oder über Druckminderer wieder abgebaut wird. Der Kompressor sollte nur auf den tatsächlich im Betrieb notwendigen Druck ausgelegt und ggf. eingestellt werden.

**Tabelle 10**
Welche Anwendung benötigt welchen Druck?

| Drücke für unterschiedliche Anwendungen | |
|---|---|
| Lackiererei | 4 bar |
| Druckluftwerkzeuge | 6,3 bar |
| Lkw-Reifen | 8 bar |
| Reifenmontiergeräte | 10 bar |
| pneumatische Hebebühne | 8–15 bar |

Gibt es nur einzelne Verbraucher, die einen höheren Druck benötigen, so lohnt sich in vielen Fällen die dezentrale Druckerhöhung mittels eines separaten Kompressors (sogennanter Booster-Kompressor) vor dieser Anlage. Dadurch ist eine Energie- und Kosteneinsparung von 25–30 % realistisch erreichbar, wenn z. B. statt eines 15-bar- ein 10-bar-Betrieb ausreicht.

**SPAR-TIPP**

Benötigt man für einen einzelnen Verbraucher einen höheren Druck, sollte man prüfen, ob dieser Teil des Netzes vom Hauptnetz getrennt und von einem separaten Kompressor oder einem Booster (siehe Kapitel 3.4.1) versorgt werden kann.

## 7.2.5 Druckverluste reduzieren und Anlage regelmäßig warten

Eine weitere Quelle der Einsparmöglichkeiten ist die Verringerung der Druckverluste, die auf dem Weg zum Verbraucher auftreten. Typischerweise entstehen diese Druckverluste durch

- zugesetzte Filter
- zu gering dimensionierte Leitungen
- ungünstig konstruierte Anschlüsse und Kupplungen mit Engstellen
- Schläuche mit zu geringem Innendurchmesser, insbesondere Spiralschläuche
- zu lange Schläuche oder geknickte Schläuche
- zu klein dimensionierte Kältetrockner
- verwinkelte Leitungen
- mit Zwischenstücken verjüngte Leitungen oder Schläuche
- unnötige oder zu klein dimensionierte Filter oder Öler
- zu lange Stichleitungen
- zugerostete oder anderweitig zugesetzte Leitungen

Entscheidend für den Betrieb von Werkzeugen und Anlagen ist **nicht** der statische Druck, der am Manometer angezeigt wird, wenn keine Luft entnommen wird. Entscheidend ist der Fließdruck direkt am Eingang der Maschine oder des Werkzeugs, der aber leider in der Praxis so gut wie nie gemessen wird. Hierzu braucht man ein Manometer mit einem T-Stück, das direkt an der entsprechenden Stelle angeschlossen werden kann.

### PROFI-TIPP

Mehr als 1 bar sollte auf dem Weg vom Kompressor bis zum Luftverbraucher (Werkzeug oder Maschine) nicht verloren gehen. Dabei geht man von maximal 0,1 bar im Leitungsnetz und von maximal 0,9 bar auf dem sich anschließenden Luftweg von der Stichleitung bis ins Werkzeug aus.

Manche Hersteller bieten diese einfachen Messgeräte als Teil ihres Produktprogramms an. Dass sich solche Messungen lohnen, zeigt folgende Tabelle für Werkzeuge, die auf 6,3 bar ausgelegt sind.

| Fließdruck am Werkzeug (in bar) | Luftverbrauch | Maßnahmen |
|---|---|---|
| 8,0 | 125 % | Regler drosseln |
| 7,0 | 110 % | Regler drosseln |
| 6,3 | 100 % | optimale Leistung |
| 5,0 | 75 % | Druck erhöhen |
| 4,0 | 60 % | Druck erhöhen |

Tabelle 11
Relativer Luftverbrauch in Abhängigkeit vom Fließdruck am Werkzeug

**SPAR-TIPP**

Druckverluste auf dem Weg zum Verbraucher regelmäßig messen und die Ursachen beseitigen, so dass der Verdichtungsenddruck am Kompressor reduziert werden kann.
Anlage regelmäßig warten und instandhalten, so dass erhöhte Druckverluste, z. B. infolge zugesetzter Filter, vermieden werden. Bestimmen Sie hierzu im Betrieb einen Druckluft-Verantwortlichen und dokumentieren Sie die regelmäßigen Wartungsergebnisse. Sinnvoll ist auch ein Wartungsvertrag für Arbeiten, die nicht selbst ausgeführt werden können!

**SPAR-TIPP**

Prüfen Sie, ob der Kompressor an einem Standort steht, wo er möglichst frostfrei saubere und kühle Luft ansaugt.

### 7.2.6 Auf die Umgebungsbedingungen achten

Auch durch die Umgebungsbedingungen, unter denen ein Kompressor arbeiten muss, lassen sich Kosten sparen. Die angesaugte Luft sollte möglichst kühl, trocken und sauber sein. Die optimalen Temperaturen liegen bei 10–20 °C. Temperaturen über 35 °C schaden auf Dauer dem Kompressor. Temperaturen unter 4 °C sollten ebenfalls vermieden werden, um das Zufrieren z. B. von Kondensatleitungen zu vermeiden. Eine staubige Ansaugluft führt zu deutlich kürzeren Wartungsintervallen bzw. zu einem erhöhten Energieverbrauch durch zugesetzte Ansaugfilter.

### 7.2.7 Energiespartrockner einsetzen

Bei den Drucklufttrocknern hängt der Stromverbrauch von der gewählten Dimensionierung und von der Art der Regelung ab. Einfache Trockner, die im Anschaffungspreis eher niedriger liegen, laufen meist ständig durch und verbrauchen somit die angegebene Leistung unabhängig von der Menge an gekühlter Druckluft. Da sie meist auf den maximalen Bedarf ausgelegt sind, werden hohe Prozentsätze der eingesetzten Energie nutzlos in Form von Wärme an die Umgebung abgegeben und somit Energiekosten verschwendet.

Geregelte Trockner („Energiespartrockner") verbrauchen im Gegensatz dazu nur dann die maximale Energie, wenn tatsächlich Luftverbrauch vorhanden ist und die Kühlleistung auch tatsächlich abgefordert wird. Während der Arbeitspausen und Stillstandzeiten gehen Trockner mit Regelungen zur Energieeinsparung in den Aussetzbetrieb.

## 7.3 Wärmerückgewinnung

Wenn Luft verdichtet wird, entsteht Wärme. Diese Wärme wird durch entsprechende Kühlung am Kompressor abgeführt. Diese Kühlung kann entweder mit Umgebungsluft oder mit einem Kühlmittelsystem betrieben werden. Bei vielen stationären Druckluftanlagen gibt es große und meistens ungenutzte Möglichkeiten der Energieeinsparung in Form von Wärmerückgewinnung. Bis zu 94 % (!) der Abwärme kann in Form von warmer Luft oder warmem Wasser zurückgewonnen werden. Normalerweise werden die zusätzlichen Investitionskosten für eine Wärmerückgewinnung bereits nach ein bis drei Jahren durch die Energieeinsparung amortisiert.

Anwendungen für die zurückgewonnene Energie können sein:

- warme Luft zum Heizen oder zum Trocknen
- warmes Wasser zum Duschen oder für Prozesse
- Vorwärmen von Heizungswasser

**SPAR-TIPP**

Beim Kauf eines Drucklufttrockners auf „Energiesparregelung" achten, die den Kühlkreislauf in Abhängigkeit vom Luftverbrauch ein- und ausschaltet. In den meisten Fällen rechnet sich diese Investition schon nach ein bis drei Jahren.

Falls Sie im Betrieb keine schlagartigen großen Luftentnahmen aus dem Druckluftbehälter haben, die über das Leistungsvermögen des Trockners hinausgehen, gibt es eine weitere Einsparmöglichkeit: Setzen Sie den Trockner nicht zwischen Kompressor und Behälter, sondern schließen Sie den Trockner nach dem Druckbehälter an. Die Luft gelangt dann bereits mit einer geringeren Temperatur in den Trockner und spart somit Kühlleistung.

**SPAR-TIPP**

Prüfen Sie, ob Ihr Trockner nach dem Druckluftbehälter installiert ist. Wenn Sie keine schlagartigen großen Luftentnahmen haben, können Sie durch diese Reihenfolge bei einem Energiespartrockner zusätzliche Energie einsparen.

**SPAR-TIPP**

Eine Wärmerückgewinnung reduziert die Energiekosten und schont die Umwelt. Beispielrechnungen siehe Tabelle 12 weiter unten.

Ein luftgekühlter Kompressor benötigt einen relativ großen Kühlluftstrom mit einer möglichst niedrigen Temperatur. Die warme Abluft kann zum Beheizen eines Gebäudes oder zur Trocknung von Werkstücken eingesetzt werden. Hierzu muss die Luft über Kanäle mit Ventilatoren verteilt werden. Außerdem ist eine Weiche vorzusehen, so dass die warme Luft in die Atmosphäre abgegeben werden kann, wenn sie nicht benötigt wird. In größeren Betrieben finden sich auch öl- oder wassergekühlte Kompressoren, bei denen man mit einer Wärmerückgewinnung Wasser erhitzen kann. Aufgrund der erforderlichen Installationen und Wärmetauscher lohnt sich eine Wärmerückgewinnung über Wasser erst bei Antriebsleistungen ab etwa 10 kW. Es ist außerdem möglich, auch bei den im Handwerk vielfach anzutreffenden luftgekühlten, ölgeschmierten Schraubenkompressoren eine Wärmerückgewinnung mit einem Wasserkreislauf zu installieren. Dies erfordert lediglich einen zusätzlichen Öl-Wasser-Wärmetauscher im Ölkreislauf. Dann steht auch bei diesen Geräten erwärmtes Wasser aus der Kompressorenabwärme zur Verfügung.

### 7.3.1 Mit Warmluft heizen

(Wenden Sie sich hierzu an einen Lüftungsbauer in Ihrer Nähe.)

Die gekapselte Kompaktbauweise von Schraubenkompressoren erlaubt es, bis zu 94 % ihrer gesamten elektrischen Leistungsaufnahme in Form von Wärme zu nutzen. Luftkanäle leiten die erwärmte Kühlluft dorthin, wo etwas zu beheizen ist. So lassen sich etwa dem Kompressorraum benachbarte Lagerräume oder Werkstätten mit Kompressorabwärme beheizen. Besteht kein Heizluftbedarf, wird die Abwärme mit einer Klappe ins Freie gelenkt.

Anwendung:

- Voll- oder Zusatzheizung für Betriebsräume oder Lagerhallen
- Unterstützen von Trocknungsprozessen nach Lackier- und Waschvorgängen
- Aufbau von Warmluftschleusen
- Vorwärmen der Verbrennungsluft eines Ölbrenners, um dessen Wirkungsgrad zu erhöhen

**Einsparpotenziale**

Rechenbeispiel für einen 7,5-kW-Schraubenkompressor (max. verfügbare Wärmeleistung 7,8 kW):

Heizwert je Liter Heizöl: 35,5 MJ/l = 9,861 kWh/l
Heizungswirkungsgrad: 0,9
Preis je Liter Heizöl: 0,70 €/l

$$\text{Kosteneinsparung} = \frac{7,8 \text{ kW} \times 2.000 \text{ h}}{0,9 \times 9,861 \text{ kWh/l}} \times 0,70 \text{ €} = \mathbf{1.230,-\ €}$$

# Wäremerückgewinnung

**Tabelle 12**
Einsparpotenziale durch Warmluft-Wärmerückgewinnung bei Schraubenkompressoren

| Warmluft-Wärmerückgewinnung von einem Schraubenkompressor ||||||||
|---|---|---|---|---|---|---|---|
| Motor-nenn-leistung | maximal nutzbare Wärmeleistung | nutzbare Warmluft-menge | Kühlluft-aufheizung | Einsparpotenzial bei 2.000 h Laufzeit/Jahr || $CO_2$-Einsparung bei 2.000 h Laufzeit/Jahr |
| kW | kW | MJ/h | m³/h | K | Heizöl in l | Heiz-kosten in € | kg |
| 4,0 | 4,2 | 15 | 1.500 | 9 | 941 | 659 | 2.507 |
| 5,5 | 5,7 | 21 | 2.100 | 9 | 1.295 | 906 | 3.447 |
| 7,5 | 7,8 | 28 | 2.100 | 13 | 1.765 | 1.236 | 4.700 |
| 11 | 11,5 | 41 | 2.500 | 15 | 2.589 | 1.812 | 6.893 |
| 15 | 15,7 | 56 | 2.700 | 17 | 3.531 | 2.471 | 9.400 |
| 18,5 | 19,3 | 70 | 3.800 | 17 | 4.354 | 3.048 | 11.593 |
| 22 | 23 | 83 | 3.800 | 20 | 5.178 | 3.625 | 13.787 |

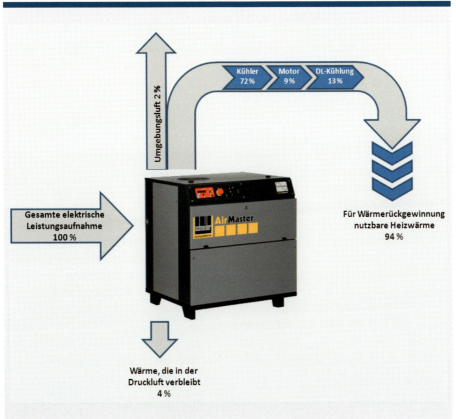

**Bild 128**
Energieströme in einem Schraubenkompressor
(Quelle: Schneider Druckluft GmbH)

**Bild 129**
Beispiel zur Warmluftnutzung mit Sommer-/Winterbetrieb

(Quelle: Schneider Druckluft GmbH)

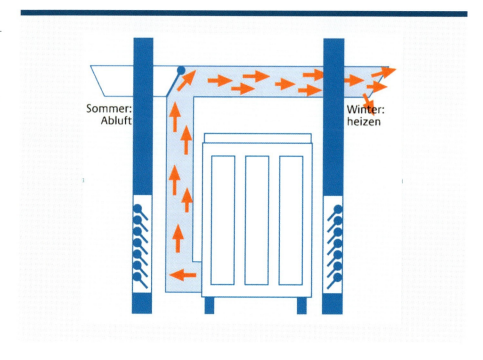

## 7.3.2 Warmwasser erzeugen
(Wenden Sie sich hierzu an den Hersteller Ihres Kompressors bzw. an den Druckluftspezialisten, der die Anlage installiert und wartet, und/oder an Ihren Heizungsbauer.)

### 7.3.2.1 Heizwassererwärmung
Bei Schraubenkompressoren führt das Öl ca. 72 % der zugeführten elektrischen Energie in Form von Wärme ab. Diese Energie kann zurückgewonnen werden. Zur Wärmerückgewinnung wird das Öl über einen Wärmeaustauscher geführt, der Heizungswasser um 50 K bis zu 70 °C erwärmen kann. Der zum Einsatz kommende Plattenwärmetauscher lässt eine sehr hohe Wärmeausnutzung zu und ist platzsparend im Gehäuse untergebracht. Zu beachten ist hierbei, dass natürlich nur dann Heizungswasser erwärmt wird, wenn der Kompressor im Lastbetrieb arbeitet. Da nicht immer Lastbetrieb ansteht und somit auch nicht immer warmes Wasser abgegeben wird, bedarf es entweder einer Zusatzheizung oder einem entsprechend dimensionierten Wärmespeicher.

### 7.3.2.2 Brauchwassererwärmung
Eine Brauchwassererwärmung erlaubt eine ganzjährige Ausnutzung der Abwärme, da der Brauchwasserwärmebedarf über das Jahr in etwa konstant bleibt. Voraussetzung ist allerdings, dass derart hohe Wärmemengen im Brauchwasser auch tatsächlich benötigt werden. Ansonsten sind auch Mischsysteme sinnvoll.

## Einsparpotenziale

Rechenbeispiel für einen 15-kW-Schraubenkompressor (maximal verfügbare Wärmeleistung 12,5 kW):

Heizwert je Liter Heizöl: 35,5 MJ/l = 9,861 kWh/l
Heizungswirkungsgrad: 0,9
Preis je Liter Heizöl: 0,70 €/l

$$\text{Kosteneinsparung} = \frac{12{,}5 \text{ kW} \times 2.000 \text{ h}}{0{,}9 \times 9{,}861 \text{ kWh/l}} \times 0{,}70\ \text{€} = \mathbf{1.972{,}-\ €}$$

| Warmluft-Wärmerückgewinnung von einem Schraubenkompressor | | | | | | | |
|---|---|---|---|---|---|---|---|
| Motor-nennleistung | max. nutzbare Wärmeleistung | | Warmwassermenge Aufheizung | | Einsparpotenzial bei 2.000 h Laufzeit/Jahr | | $CO_2$ Einsparung bei 2.000 h Laufzeit/Jahr |
| kW | kW | MJ/h | auf 45 °C (ΔT 25 K) m³/h | auf 70 °C (ΔT 50 K) m³/h | Heizöl in l | Heizkosten in € | kg |
| 11 | 8,8 | 32 | 0,30 | 0,15 | 1.983 | 1.388 | 5.280 |
| 15 | 12 | 43 | 0,41 | 0,21 | 2.704 | 1.893 | 7.200 |
| 18,5 | 14,8 | 53 | 0,51 | 0,25 | 3.335 | 2.335 | 8.880 |
| 22 | 17,6 | 63 | 0,61 | 0,30 | 3.966 | 2.776 | 10.560 |

Tabelle 13
Einsparpotenziale durch Warmwassererwärmung bei Schraubenkompressoren

## 7.4 Drehzahlgeregelte Kompressoren

Wirklich regelbare Kompressoren, die sich auf unterschiedliche Luftbedarfe anpassen und dabei auch nennenswert Energie im Teillastbereich einsparen, sind im Handwerk bisher nur selten anzutreffen. Bei Kolbenkompressoren sind solche Lösungen völlig unüblich und es gibt auch seitens der Hersteller keine wirtschaftlich und technisch interessanten Lösungen. Bei den Schraubenkompressoren sind sogenannte Proportionalregelungen oder Drosselklappenregelungen keine befriedigende Lösung, da der Energieverbrauch bei abnehmender Liefermenge nur unwesentlich sinkt.

Tatsächliche Energieeinsparungen von bis zu 35 % sind dagegen mit frequenzgeregelten (auch drehzahlgeregelt genannten) Schraubenkompressoren möglich, die in der Industrie bereits Standard sind. Der Volumenstrom lässt sich hiermit zwischen 20 und 100 % kontinuierlich regeln. Aufgrund des hohen technischen Aufwands, der dabei betrieben wird, rechnen sich in der Regel erst Anlagen ab einer gewissen Größe. Viele Hersteller bieten daher frequenzgeregelte Kompressoren z. B. ab Leistungsgrößen von 11 kW oder 15 kW an. Der Trend geht jedoch eindeutig auch zu kleineren Anlagen und sollte bei einer Neuanschaffung beachtet werden.

Bei frequenz- oder drehzahlgeregelten Schraubenkompressoren (beide Begriffe stehen für dieselbe technische Lösung) wird die Drehzahl des Antriebsmotors über eine Veränderung der Frequenz der Spannung geregelt. Hierzu wird Wechselstrom mit 400 V Spannung und einer konstanten Frequenz von 50 Hz in einen Frequenzumrichter eingeleitet. Ein Gleichrichter erzeugt darin zunächst Gleichstrom, der danach wieder in Wechselstrom mit einer variablen Spannung (0–400 V) und einer variablen Frequenz (0–150 Hz) umgewandelt wird. Da die Frequenz die Drehzahl des Antriebsmotors bestimmt, kann durch diese Art der Regelung ein Asynchronmotor (= meist verwendeter Motortyp bei industriellen Elektroantrieben) als drehzahlgeregelter Antrieb eingesetzt werden.

Die aufwändige Leistungselektronik ist zwar in der Anschaffung deutlich teurer und sie verbraucht auch selbst einen gewissen Anteil an Energie, doch der Einspareffekt überwiegt in den meisten Fällen. Da es sich um einen komplett anderen Aufbau der Elektrik im Gegensatz zu herkömmlichen Schraubenkompressoren handelt, ist ein nachträglicher Umbau auf Drehzahlregelung meist nicht möglich.

## SPAR-TIPP

Bei der Neuanschaffung eines Schraubenkompressors über 10 kW vom Hersteller Verbrauchsanalysen und Vergleichsrechnungen durchführen lassen, ob sich eine frequenzgeregelte/ drehzahlgeregelte Ausführung rechnet. Einsparungen im Energieverbrauch bis zu 35 % sind hier realistisch.

Ob und wie sich ein frequenzgeregelter Schraubenkompressor amortisiert, lässt sich am besten durch eine Langzeitmessung (z. B. sieben Tage am Stück) des Druckluftbedarfes in Ihrem Betrieb feststellen und berechnen. Da für diese Analyse aufwändige Messinstrumente benötigt werden, führen die Anbieter solcher Kompressoren diese Messungen im Zuge der Angebotserstellung für Sie durch. Eine Beispielrechnung soll im Folgenden die sehr großen Energie- und Kosteneinsparpotenziale aufzeigen:

Die Einsatzparameter eines 15-kW-Schraubenkompressors seien 5.000 Betriebsstunden/Jahr bei einer durchschnittlichen Auslastung von 60 % und einem Strompreis von 10 ct/kWh.

Jahresenergieverbrauch eines herkömmlichen Schraubenkompressors mit Last- und Leerlauf:
⇨ 86.300 kWh ≙ 8.630,– €

Der Jahresenergieverbrauch eines drehzahlgeregelten Schraubenkompressors:
⇨ 58.500 kWh ≙ 5.850,– €

**Ersparnis pro Jahr 2.780,– €**

## 7.5 Öffentliche Fördermaßnahmen

In den letzten Jahren wurden verstärkt Förderprogramme ins Leben gerufen, um den Klimaschutz zu fördern. Hierzu gehören auch Förderprogramme für Energieeffizienz in Industrie und Handwerk. Beispiele:

### 7.5.1 KfW-Förderprogramm „Sonderfonds Energieeffizienz"

Die Energieeffizienz in Betrieben zu steigern und gleichzeitig Einsparpotenziale zu entdecken, das sind die wesentlichen Ziele des Förderprogramms. Dieses startete z. B. Anfang 2008 und richtet sich speziell an kleine und mittlere Betriebe. Bestimmt werden auch in Zukunft vergleichbare Programme aufgelegt. Ansprechpartner sind z. B. die lokalen Handwerkskammern. Bestandteil der Förderung sind Initialberatungen, Detailberatungen, Investitionskredite.

**SPAR-TIPP**

Fragen Sie Ihre Handwerkskammer nach Förderprogrammen zur Erhöhung der Energieeffizienz in Ihrem Betrieb.

### 7.5.2 Landesförderprogramme

Auch auf Länderebene gibt es spezielle Förderprogramme.

Beispiel Sachsen 2010:
Für Investitionen in Energieeffizienz können sächsische Unternehmen Unterstützung erhalten. Im Rahmen der Förderrichtlinie Energie und Klimaschutz (RL EuK/2007) können Zuschüsse aus Mitteln des Europäischen Fonds für regionale Entwicklung (EFRE) und des Freistaates Sachsen gewährt werden. Genannt sind ausdrücklich „Energieeffiziente Anlagen zur Drucklufterzeugung und Druckluftverteilung". Beratung bei der Sächsischen Energieagentur SAEnA in Dresden.

Beispiel Brandenburg 2009:
Die Energiespar-Agentur ZAB (Zukunfts-Agentur Brandenburg in Potsdam) bietet kleinen und mittleren Unternehmen Beratung und Unterstützung bei der Antragsstellung im Programm zur Förderung der Energieeffizienz (REN-Programm).

**PROFI-TIPP**

Weitere Informationen zu Fördermitteln gibt es auch auf:
www.foerderdatenbank.de

# 8 SERVICE – INSTANDHALTUNG

Ein regelmäßiger Service hat bei Druckluftanlagen einen sehr großen Einfluss auf die Verfügbarkeit und Betriebssicherheit der Anlagen, und wie im Kapitel 7 beschrieben – auch auf die Wirtschaftlichkeit der Anlage.

Von daher ist es eigentlich nicht zu verstehen, dass es gerade im Handwerk noch viele nicht oder nicht ausreichend gewartete Druckluftanlagen gibt. Eine systematische Wartung anhand der Betriebsanleitungen der Hersteller mit einer entsprechenden Dokumentation und Planung sind im Handwerk sogar eher die Ausnahme. In der Industrie ist eine plangemäße Instandhaltung eher die Regel, so dass sich jeder Verantwortliche in einem Handwerksbetrieb ebenfalls fragen sollte, ob eine regemäßige Wartung der Druckluftanlage in Summe nicht mehr Nutzen als Kosten mit sich bringt.

**PROFI-TIPP**

Eine regelmäßige Wartung der Druckluftanlage nach Vorgaben der Hersteller sorgt für eine bessere Wirtschaftlichkeit, Verfügbarkeit und Betriebssicherheit.

## 8.1 | Kompressoren

Sehr häufig sind von Staub zugesetzte Ansaugfilter zu finden. Dieser Staub macht dem Kompressor das „Einatmen" zunehmend schwer. Durch den entstehenden Widerstand verbraucht der Kompressor bis zu 10 % mehr Strom!

Bei Keilriemengetriebenen Kompressoren ist die Spannung regelmäßig zu prüfen und ggf. neu einzustellen. Auch ein Austausch kann erforderlich sein, um die Übertragungsverluste (Schlupf) gering zu halten.

**SPAR-TIPP**

Regelmäßig die Ansaugfilter reinigen. Das spart Strom! Keilriemenspannung regelmäßig prüfen und ggf. neu einstellen oder austauschen. Sowohl zu straff eingestellte als auch zu lose Keilriemen erhöhen unnötig den Stromverbrauch!

Die Ventile im Inneren des Kompressors haben eine endliche Lebensdauer. Im Lauf der Zeit werden die Ventile zunehmend undicht, so dass die eigentliche Liefermenge des Kompressors zurückgeht und sich die Laufzeit und der Energieverbrauch erhöhen. Eine regelmäßige Überprüfung der Ventile z. B. im Rahmen eines Wartungsplans und/oder eines Wartungsvertrags ist daher zu empfehlen.

**PROFI-TIPP**

Eine regelmäßige Überprüfung der Liefermenge zeigt Ihnen den Verschleißzustand des Kompressors an.

Ölgeschmierte und ölgekühlte Kompressoren benötigen regelmäßig eine Überprüfung des korrekten Ölstands und einen regelmäßigen Ölwechsel. Kompressorenöle sind spezielle Öle, sie sind genormt nach DIN 51506.

Verwendet werden mineralische und synthetische Kompressorenöle. Mineralöle haben eine Standzeit von etwa 2.000 Betriebsstunden, synthetische Öle halten länger und lassen Laufzeiten bis zu 8.000 Stunden zu. Synthetische Öle haben eine höhere Temperaturstabilität als mineralische Öle und eine höhere Alterungsbeständigkeit. Insbesondere bei hohen Temperaturen wird somit durch synthetische Öle der Ölverbrauch gesenkt und der Ölnebelgehalt in der Druckluft reduziert. Die höheren Kosten der synthetischen Öle lassen sich durch diese Vorteile leicht argumentieren.

Welche Öle für Ihren Kompressor zugelassen sind, erfahren Sie von Ihrem Hersteller oder Druckluftpartner.

Wenn die Druckluft mit Lebensmitteln in Berührung kommen kann, sind ganz spezielle Öle zu verwenden, die den strengen Anforderungen der Lebensmittelindustrie gerecht werden.

**PROFI-TIPP**

Wenn Druckluft mit Lebensmittel in Berührung kommt, sind spezielle Öle vorgeschrieben. Fragen Sie hierzu Ihren Kompressorenhersteller.

## 8.2 | Filter

Filter sind in vielen Druckluftanlagen vorhanden und doch wird oftmals die notwendige Mindestwartung nicht konsequent durchgeführt. Nicht ausreichend gewartete Filter sind eine Quelle zur Verunreinigung der Druckluft und gleichzeitig eine Ursache für große Energiever-

| | Anlaufverhalten bei Kälte | Temperaturbeständigkeit | Rückstandsbildung (Ölkohle) | Lebensdauer | Wasserabscheidung | Kosten |
|---|---|---|---|---|---|---|
| mineralische Öle | + | ++ | + | ++ | + | ++ |
| teilsynthetische Öle | +++ | +++ | +++ | +++ | ++ | + |
| vollsynthetische Öle | ++++ | ++++ | ++++ | ++++ | +++ | + |

Tabelle 14

Eigenschaften verschiedener Kompressorenöle

schwendung in Form von unnötigen Druckverlusten. Die Energiekosten zum Ausgleich des Druckverlustes übersteigen den Preis eines Filterelements oftmals um ein Vielfaches. Daher lieber öfter die Filter wechseln als zu selten.

Verwenden Sie Differenzdruckmanometer (siehe Kapitel 4.2), um die Filterverschmutzung sichtbar zu machen, oder schreiben Sie für Ihren Betrieb feste Austauschzyklen in den Wartungsplänen und Wartungsheften vor.

**PROFI-TIPP**

Halten Sie für jeden Filter einen Ersatzfiltereinsatz parat, so dass Sie bei unerwarteten Schäden wie auch bei geplanten Wartungen sofort handlungsfähig sind.

## 8.3 | Trockner

Trockner werden oftmals als „wartungsfrei" betrachtet, doch das trifft in vielen Fällen nicht zu. Ein Mindestmaß an Aufmerksamkeit lohnt sich auch bei Trocknern, um deren Funktionsfähigkeit auf Dauer sicherzustellen. Die nachfolgende Beschreibung beschränkt sich auf die Wartung von Kältetrocknern, die überwiegend im Handwerk zu finden sind.

Haben Trockner z. B. einen Vorfilter, so gelten dafür die Erläuterungen aus Kapitel 8.2. Da der Trockner sehr viel Umgebungsluft durch sein Gehäuse bläst, um die bei der Kühlung der Druckluft entstehende Wärme abzuführen, findet sich im Gehäuse oftmals auch eine entsprechende Staubschicht auf den Komponenten. Diese zusätzliche „Isolierung" stört den Wärmetransport und erhöht den Stromverbrauch. Daher muss in Abhängigkeit von der Staubbelastung der Umgebungsluft das Trocknergehäuse regelmäßig geöffnet und innen der Staub abgesaugt werden.

Eine weitere Stelle zur Wartung ist der Kondensatablass. Der Trockner muss die aus der Luft entfernte Feuchtigkeit sicher abführen können. Dies erfolgt über Schwimmerableiter oder über elektronische Kondensatableiter. Beide Systeme können ausfallen oder innerlich verkleben und verstopfen, da das abgeschiedene Wasser auch Öle und andere Schadstoffe aus der Luft enthält. Somit muss regelmäßig der Schwimmerableiter am Trockner auf seine Funktion hin überprüft werden. Ein Trockner, bei dem der Kondensatableiter nicht richtig funktioniert, ist völlig nutzlos!

**PROFI-TIPP**

Bei Kältetrocknern regelmäßig die Funktion des Kondensatableiters prüfen und ggf. dessen Wartungsteile austauschen.

## 8.4 | Kondensatableiter

Kondensatableiter sind kleine und unauffällige Geräte, die einen großen Einfluss auf die Qualität der Druckluft haben. Ein nicht einwandfrei funktionierender Kondensatableiter kann große Schäden hervorrufen und teure Reparaturen zur Folge haben.

Egal an welchen Stellen Ihres Druckluftnetzes Sie Kondensatableiter eingebaut haben, wird ein Nichtfunktionieren dieser Teile zur Folge haben, dass irgendwann Kondensat im Luftstrom mitgerissen wird und Sie Wasser in der Druckluft haben.

Verklebte Schwimmerableiter sind ein typisches Bild, das Servicemonteure in wenig oder schlecht gewarteten Anlagen antreffen. Daher unbedingt einen Wartungsplan erstellen und regelmäßig alle Kondensatableiter prüfen und gemäß Empfehlung der Hersteller auch austauschen oder zumindest die Wartungsteile der Kondensatableiter ersetzen.

**PROFI-TIPP**

Kondensatableiter regelmäßig auf die Funktion hin überprüfen und gemäß Herstellerangaben Wartungsteile austauschen.

## 8.5 Kondensataufbereitung

Leider finden sich in vielen Werkstätten noch Kondensataufbereitungsanlagen, die einmal angeschafft, dann aber völlig vernachlässigt wurden. Oftmals ist dann deren Funktion eingeschränkt oder überhaupt nicht mehr vorhanden. Jeder Kondensataufbereitung liegt eine Bedienungs- und Wartungsanleitung bei, die ernst genommen werden will. Ein Öl-Wasser-Trenngerät funktioniert nur, wenn z. B. die Filter noch aufnahmefähig sind.

**PROFI-TIPP**

Empfehlung: Öl-Wasser-Trenngeräte ein Mal pro Woche kontrollieren.

## 8.6 Rohrleitungen, Schläuche

Bei Rohrleitungen und Schläuchen beschränkt sich der Wartungsaufwand auf die Prüfung auf Beschädigung sowie auf Dichtheit. Insbesondere alle Verbindungs- und Anschluss-Stellen sind Stellen potenzieller Leckagen. Und welche finanziellen Ausmaße Leckagen annehmen können, ist in Kapitel 7.2 ausführlich beschrieben. Somit an dieser Stelle nochmals die Empfehlung, regelmäßig bei möglichst leiser Umgebung (z. B. nachts oder am Wochenende) in der Werkstatt alle Druckluftleitungen abzugehen und auf Leckagegeräusche zu achten. Oder bei abgeschalteten Druckluftverbrauchern und abgeschaltetem Kompressor am Kessel den Druckverlust beobachten, der sich über einige Stunden einstellt.

**PROFI-TIPP**

Rohrleitungen regelmäßig auf Leckagen prüfen. Leckagen sind bares Geld, das Sie einsparen können.

## 8.7 | Druckluftwerkzeuge

Druckluftwerkzeuge sind in der Regel sehr robust. Dennoch lassen sich unnötige Ausfälle und Reparaturen vermeiden, indem man den Werkzeugen die notwendige Wartung zukommen lässt.

An erster Stelle ist dabei die Schmierung bei allen drehenden Werkzeugen zu nennen. Außer bei tatsächlich als „ölfrei" deklarierten Druckluftmaschinen benötigen alle Druckluftmotoren eine Ölschmierung. Entsprechende Wartungsgeräte oder auch in den Anschlussnippel geträufeltes Öl stellen die Schmierung sicher. Siehe hierzu auch Kapitel 1.1.

Desweiteren sind die Werkzeuge auf Leckagen zu prüfen. Leckagen können ein Anzeichen für einen Verschleiß der Dichtungen oder für lose Teile im Innern der Maschine oder am Anschluss sein. Lassen Sie Leckagen, die Sie nicht selbst beseitigen können, durch eine autorisierte Fachwerkstatt in Ordnung bringen. Sie reduzieren damit den Luftverbrauch und erhöhen die Leistungsfähigkeit des Werkzeugs.

Und denken Sie an die Risiken, die von Druckluftwerkzeugen ausgehen, bei denen z. B. der Ein- und Ausschalter nicht einwandfrei funktioniert. Klemmende, verbogene oder gar abgebrochene Bedienelemente sollten umgehend in einer Fachwerkstatt instand gesetzt werden.

Bei Schläuchen gilt dasselbe mit folgender Erweiterung: Schläuche sind in aller Regel ein Verschleißteil, sie altern mit der Zeit durch Temperatur- und Lichteinfluss, können verspröden oder an scharfen Kanten beschädigt werden. Damit sie nicht zu einem Sicherheitsrisiko für den Anwender werden, sollten Schläuche daher regelmäßig nicht nur auf undichte Anschlussstellen, sondern auch auf Beschädigungen, kleine Risse und starken Abrieb geprüft werden. Dies erfolgt am besten dadurch, dass man den Schlauch durch die Hand gleiten lässt und durch Biegen in verschiedene Richtungen kleine Risse sichtbar werden lässt. Schläuche sollten keinesfalls geflickt werden, ein kleines Loch kann rasch und explosionsartig aufreißen, wenn innere Lagen der Armierung in der Schlauchwand versagen. Wenn Sie lokal beschädigte Schläuche weiternutzen wollen, dann nur durch Kürzen und neuen Anschlag der Anschlüsse (siehe hierzu auch Kapitel 5.5).

**PROFI-TIPP**

Vorgeschädigte Schläuche stellen ein Sicherheitsrisiko dar, weil sie plötzlich platzen können. Daher regelmäßig alle Schläuche auf Beschädigungen prüfen und entsprechend auswechseln.

## 8.8 Sonstige Druckluftverbraucher

Alle Druckluftverbraucher benötigen ein Mindestmaß an Wartung und vorbeugender Instandhaltung, um auf Dauer ihre Funktion und Sicherheit zu gewährleisten.

Beachten Sie die jeweilige Bedienungs- und Wartungsanleitung der Hersteller. Sollten Sie diese nicht mehr vorliegen haben, wenden Sie sich an die Hersteller oder schauen Sie auf deren Internetseiten nach. Viele Markenhersteller bieten jeweils den Service, dass Sie sich die entsprechenden Unterlagen selbst herunterladen können.

Zusammenfassend lässt sich zum Thema Wartung feststellen, dass hier bei vielen Handwerksbetrieben noch großes Potenzial besteht. Schriftliche Wartungspläne würden sich in vielen Fällen lohnen, um ungeplanten Ausfällen vorzubeugen und um unnötige Reparaturkosten zu sparen.

### SPAR-TIPP

Vermeiden Sie ungeplante Ausfälle und unnötige Reparaturkosten durch schriftliche Wartungspläne für alle Komponenten Ihrer Druckluftanlage. Es lohnt sich!

# 9 VORTEILE UND NACHTEILE VON DRUCKLUFT GEGENÜBER ELEKTRIZITÄT UND HYDRAULIK

In der Pneumatik ist komprimierte Luft das Antriebsmittel, in der Hydraulik dagegen ist es meist ein Hydrauliköl, das die Kräfte überträgt. Hydrauliköl ist im Gegensatz zur Druckluft nicht kompressibel. Das sorgt für viel höhere anwendbare Kräfte. Typische Druckbereiche der Pneumatik reichen bis 12 bar, bei der Hydraulik sind es dagegen 30–300 bar. Damit verbunden ist bei der Hydraulik oftmals der Nachteil einer massiven und damit schweren Bauweise.

Die Pneumatik ist ideal für hohe Geschwindigkeiten bei einem eher niedrigen Krafteinsatz, weil pneumatische Bauelemente zu schnellen Arbeitstakten fähig sind. Pneumatikzylinder erlauben Ausfahrgeschwindigkeiten von bis zu 300 m/min, Hydraulikzylinder dagegen nur 30–60 m/min. Außerdem ist bei der Druckluft keine Rückleitung der Luft notwendig, nachdem die Arbeit verrichtet wurde. Die Hydraulik dagegen benötigt stets einen geschlossenen Kreislauf.

Vergleicht man pneumatische Schaltungen mit elektrischen Schaltungen, so gibt es dort ebenfalls Besonderheiten. Die Pneumatik ist sehr unempfindlich gegen Umwelteinflüsse wie Temperaturschwankungen, Stoßbeanspruchungen, Schwingungen, Schmutz, korrosive Atmosphäre oder elektromagnetische Strahlung. Auch in explosionsgefährdeten Bereichen hat die Druckluft Vorteile. Als Nachteile der Druckluft sind aufzuführen, dass durch die Kompressibilität der Luft die Signalübertragung auf ca. 200 m Entfernung begrenzt ist und dass die Geschwindigkeit der Signalübertragung nur Schallgeschwindigkeit und nicht Lichtgeschwindigkeit wie bei elektrischen Signalen beträgt.

## PROFI-TIPP

Druckluftwerkzeuge verbrauchen mehr Energie als vergleichbare Elektrowerkzeuge, sind aber meist leichter und handlicher sowie oftmals auch robuster und in bestimmten Belangen sicherer.

Beim Vergleich von Druckluftwerkzeugen und Elektrowerkzeugen werden meist folgende Vor- und Nachteile gegeneinander abgewogen: Druckluftwerkzeuge brauchen meist mehr Energie, sind dafür aber sehr robust. Sie können ohne Schaden bis zum Stillstand belastet werden, ohne dabei überlastet zu werden, sie sind meist einfach aufgebaut, so dass nur wenige Ersatzteile benötigt werden, und sind insbesondere im Vergleich zu den meisten Akkugeräten leichter und handlicher. Da Druckluftwerkzeuge einen funkenfreien Antrieb aufweisen, sind viele dieser Werkzeuge auch in explosionsgefährdeten Bereichen zugelassen und somit sicherer. Sie sind auch bei Feuchtigkeit für den Anwender sicherer, da keine Gefahr wie beim elektrischen Strom im Zusammenhang mit Nässe besteht. Und auch die Robustheit der Druckluftmaschinen gegen Feuchtigkeit ist deutlich höher als z. B. bei Akkumaschinen, was sich dann auf der Baustelle zeigt: Muss bei Regen ein Zimmermann ein Dach noch fertigstellen, so ist das für den Druckluftnagler oder den Druckluftschrauber absolut kein Problem. Da elektrische Maschinen immer Luftschlitze zum Kühlen von Motor und Elektronik aufweisen, kann Feuchtigkeit entsprechend leichter eindringen und entweder zu spontanen Kurzschlüssen oder zu Langzeitschäden infolge Korrosion führen. In Tabelle 15 sind diese Vorteile (+, ++) und Nachteile (–, ––) nochmals zusammengefasst.

**Tabelle 15**
Vergleich von Elektro-, Akku- und Druckluftwerkzeugen

| | Angebotsvielfalt | Energieverbrauch | Robustheit gegen Überlastung | Reparierbarkeit, Reparaturkosten | Gewicht, Handlichkeit Baugröße | Betrieb in nasser/feuchter Umgebung | Betrieb in Bereichen mit explosionsgefährlichen Stäuben | Unabhängigkeit |
|---|---|---|---|---|---|---|---|---|
| **Druckluftwerkzeuge** | + | – | ++ | + | + | ++ | ++ | – |
| **Elektrowerkzeuge** | ++ | + | o | o | o | –– | –– | o |
| **Akkuwerkzeuge** | + | + | o | o | – | – | –– | ++ |

# 10 ANHANG

# ÜBERSICHT

A   **Einheiten und Formelzeichen der Drucklufttechnik**

B   **Luft im Allgemeinen – feuchte Luft**

C   **Schallemissionen und Geräusche**

D   **Normen, Gesetze, Vorschriften und Sicherheitsbestimmungen**

E   **Berechnungsbeispiele**
- E.1 Berechnungsbeispiel eines Druckluftkältetrockners
- E.2 Berechnungsbeispiel einer Druckluftringleitung
- E.3 Berechnungsbeispiel Kolbenkompressor
- E.4 Berechnungsbeispiel Druckluftfilter

F   **Tabellenverzeichnis**

G   **Literatur**

H   **ABC der Druckluft – Fachwörter und Begriffe**

I   **Bildquellenverzeichnis**

# A | Einheiten und Formelzeichen der Drucklufttechnik

**Tabelle 16**
Größen, Abkürzungen und Einheiten in der Drucklufttechnik

| | Größe | Abkürzung | Einheit | Name der Einheit |
|---|---|---|---|---|
| 1. | Kraft | F | [N] | Newton |
| 2. | Druck | p | [Pa, bar] | Pascal, Bar (1 bar = 100.000 Pa = 1.000 hPa) |
| 3. | Temperatur | T | [°C, K] | Grad Celsius, Kelvin |
| 4. | Leistung | P | [W, kW] | Watt, Kilowatt |
| 5. | Volumen | V | [l, m³] | Liter, Kubikmeter |
| 6. | Volumenstrom | V̇ | [l/min, l/s, m³/min, m³/h] | Liter pro Minute, Liter pro Sekunde, Kubikmeter pro Minute, Kubikmeter pro Stunde |
| 7. | Druckabfall | Δp | [bar] | Bar |

**zu 1. Kraft:**

Die Kraft definiert sich aus der physikalischen Grundformel Masse mal Beschleunigung.

$F = m \times a$ 
- $F$ = Kraft in N
- $m$ = Masse in kg
- $a$ = Beschleunigung in m/s²

Auf der Erde werden alle Körper mit der Erdbeschleunigung g „angezogen". g lässt sich messen, hängt etwas vom Ort auf der Erde ab und beträgt in Europa rund 9,81 m/s². Somit wirkt auf eine Masse von 1 kg die Gewichtskraft 9,81 kg × m/s² = 9,81 N ≈ 10 N. In der täglichen Umgangssprache wird meist nicht zwischen Masse und Gewicht unterschieden, in der Physik und somit in der Berechnung von Drucksystemen jedoch schon: Massen werden in kg angegeben, Gewichtsangaben sind in N, weil es sich beim Gewicht streng genommen um eine Kraft handelt.

**zu 2. Druck:**

- Atmosphärischer Druck $p_{atm}$:

Er wird durch das Gewicht der Lufthülle erzeugt. Der Normaldruck in Meereshöhe beträgt 1.013 hPa (≈1 bar). Mit steigender Höhe des Messortes sinkt der atmosphärische Druck:

In 1.000 m Höhe z. B. auf ca. 0,9 bar
in 2.000 m Höhe auf ca. 0,8 bar
in 3.000 m Höhe auf ca. 0,7 bar.

## Überdruck $p_ü$:

Er ist die eigentliche Messgröße in der Praxis und gibt an, wie stark der gemessene Druck vom atmosphärischen Druck abweicht. Manometer, die an Kompressoren oder an Druckminderern angebracht sind, zeigen den Überdruck $p_ü$ an. Eine Druckanzeige von Null heißt dann, dass im System der Umgebungsdruck (atmosphärischer Druck) herrscht. Eine Druckanzeige von 6 bar heißt, dass der Druck im System um 6 bar höher ist als der Umgebungsdruck.

## Absoluter Druck:

Er ist die Summe aus atmosphärischem Druck und Überdruck (also meist rund 1 bar höher als der Überdruck) und wird für viele theoretische Berechnungen verwendet.

## Fließdruck:

Der am Manometer ablesbare Druck, der sich bei fließender Druckluft, d. h. beim Betrieb des Verbrauchers einstellt.

Definition des Druckes:
Druck = Kraft pro Fläche

| Einheiten: 1 Pascal = 1 Newton pro m² | | | |
|---|---|---|---|
| Einheitenvergleich: | 1 bar | = | $10^5$ Pa |
| | 1 MPa | = | 10 bar |
| | 1 bar | = | 14,5 PSI |
| | 1 bar | = | 750 Torr |
| | 1 bar | = | 750 mm Hg |
| | 1 bar | = | 10,2 m WS |

Tabelle 17
Druckeinheiten im Vergleich

## zu 3. Temperatur:

Die Temperatur ist ein Maß für die innere Energie von Materie. Je höher die Temperatur, desto schneller bewegen sich die Teilchen (z. B. Atome oder Moleküle) aus dem die Materie aufgebaut ist. Es gibt eine untere Grenze für die Temperatur, bei der jede Bewegung aufhört. Diese nennt man absoluten Nullpunkt.

An diesem absoluten Nullpunkt beginnt die Kelvin-Skala. Sie ist genauso in Gradschritte unterteilt wie die Celsius-Skala, die ihren Nullpunkt beim Gefrierpunkt von Wasser hat. Der zweite wichtige Punkt der Celsius-Skala ist der Siedepunkt von Wasser (bei Normalbedingungen), der auf 100 °C festgelegt wurde.

Somit gelten die Werte aus der folgenden Tabelle:

**Tabelle 18**
Vergleichswerte von Grad Celsius und Kelvin

|  | °C | K |
|---|---|---|
| absoluter Nullpunkt | −273,15 | 0 |
| Gefrierpunkt von Wasser | 0 | 273,15 |
| Siedepunkt von Wasser | 100 | 373,15 |

> **PROFI-TIPP**
>
> Beachte: Man redet von „Grad Celsius", aber nicht von „Grad Kelvin", sondern von „Kelvin".

Die Umrechnungsformel von Grad Celsius in Kelvin lautet:

$T = t + 273{,}15$
$T$ = absolute Temperatur (Kelvin)
$t$ = Temperatur (Celsius)

**zu 4. Leistung:**

Leistung ist definiert als Arbeit pro Zeit. Die offizielle Einheit ist das Watt (W) bzw. dann als Tausender-Einheit das Kilowatt (kW).

Stromzähler zählen jedoch in der Einheit Kilowattstunden (kWh). Sie zählen somit nicht die Leistung, sondern die Arbeit, die über der Zeit erbracht wird. Wird z. B. ein Gerät mit einer Leistungsaufnahme von 1 kW für 1 h betrieben, so ergibt sich eine Arbeit von 1 kWh, die vom Elektrizitätswerk in Rechnung gestellt wird.

**zu 5. Volumen:**

Das Volumen V ist der Raum, den ein Stoff ausfüllt. V ist insbesondere bei Gasen stark vom Druck und von der Temperatur abhängig. In sogenannten „Gasgesetzen" ist beschrieben, wie sich Druck, Temperatur und Volumen gegenseitig beeinflussen. Jeder von uns hat z. B. schon selbst erlebt, wie sich eine Fahrradluftpumpe beim Komprimieren der Luft erwärmt.

Bei Zustandsänderungen von Gasen unterscheidet man grundsätzlich zwischen vier verschiedenen Zustandsänderungen, die jedoch in der Praxis selten in „Reinkultur" vorkommen und somit meist nur für näherungsweise Berechnungen in Frage kommen.

1. Zustandsänderung bei konstantem Volumen (isochore Prozesse)
2. Zustandsänderung bei konstantem Druck (isobare Prozesse)
3. Zustandsänderung bei konstanter Temperatur (isotherme Prozesse)
4. Zustandsänderung ohne Wärmeübertragung an die Umgebung (isentrope Prozesse)

Der isotherme Prozess erfordert den vollständigen Wärmeaustausch mit der Umgebung, während der isentrope Prozess diesen vollkommen ausschließt. In der Realität liegen z. B. beim Verdichten oder beim Entspannen von Druckluft alle Prozesse zwischen diesen beiden Extremen und werden als polytrope Prozesse bezeichnet.

**PROFI-TIPP**

In der Realität kommen weder isotherme noch isentrope Prozesse vor. Die Praxis sind polytrope Prozesse. Dies muss bei allen Berechnungen berücksichtig werden.

■ Normvolumen:

Das Normvolumen ist definiert als Volumen, das z. B. ein Gas im Normzustand einnimmt. Der Normzustand ist bei Druckluft definiert zu:

Temperatur: 0 °C, Druck: 1.013 hPa, Luftfeuchtigkeit: 0 %

■ Normalvolumen:

Das Normalvolumen von Druckluft ergibt sich anhand des aktuellen Zustands vor Ort. Empfohlene Referenzpunkte sind hierbei 20°C Temperatur, 1 bar Druck, 0 % Luftfeuchte.

**Achtung:** Liefermengen (= Volumenstrom) von Kolbenkompressoren und Schraubenkompressoren werden jeweils in Normalvolumen angegeben.

■ Betriebsvolumen:

Unter Betriebsvolumen ist die komprimierte Luftmenge zu verstehen, die sich im Behälter oder im Rohrleitungsnetz befindet.

### zu 6. Volumenstrom:

Der Volumenstrom bezieht sich nicht auf den verdichteten Zustand, sondern gibt an, welches Volumen von der Luft eingenommen würde, wenn man diese wieder vollständig entspannt. Dabei ist in der Praxis bei den Herstellerangaben stark zu unterscheiden zwischen dem Ansaugvolumenstrom und der Liefermenge. Zur Nutzung der Druckluft steht ausschließlich der Volumenstrom der Liefermenge zur Verfügung, die Ansaugmenge ist völlig irrelevant und wird vielfach nur angegeben, weil sie eine deutlich größere Zahl hat und dem Käufer eine höhere Leistung vorgaukelt. Vergleichen Sie daher nur die Volumenströme der Liefermengen miteinander. Und: Volumenströme sind nur dann wirklich vergleichbar, wenn sie unter gleichen Bedingungen (Ansaugtemperatur, Ansaugdruck, relative Luftfeuchte, Austrittsdruck, Austrittstemperatur) gemessen wurden. Hierzu existieren Normen und normierte Messverfahren.

### zu 7. Druckabfall:

Jede Rohrleitung, jeder Anschluss, jeder Filter und jede andere Verengung im Druckluftsystem bietet der durchströmenden Druckluft einen gewissen Widerstand. Dieser Widerstand führt zu einem Druckabfall (Druckverlust), der z. B. vom Leitungsquerschnitt, von der Strömungsgeschwindigkeit und von der Leitungslänge abhängt und letzten Endes einen Energieverlust darstellt, der sich in Euro beziffern lässt.

## B | Luft im Allgemeinen – feuchte Luft

Luft ist ein farb-, geruch- und geschmackloses Gasgemisch. Seine Hauptbestandteile sind Stickstoff (ca. 78 Volumenprozent) und Sauerstoff (ca. 21 Volumenprozent). Dazu kommen rund 1 % Argon und andere Gase wie Kohlendioxid, Neon, Helium, Ozon …

Zusammensetzung der Luft

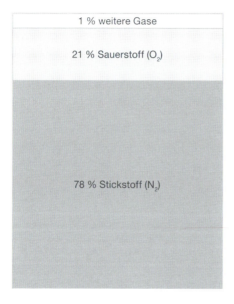

Außerdem enthält die Luft Verunreinigungen wie Staubpartikel oder Pollen, die bei einer späteren Verdichtung der Luft ohne entsprechende Filterung sogar noch „aufkonzentriert" würden.

In der Praxis kommt zu diesen Inhaltsstoffen dann immer noch ein Anteil an Wasserdampf hinzu. Die Mischung aus trockener Luft und Wasserdampf nennt man feuchte Luft. Wasserdampf ist genau wie die anderen Gase in der Luft nicht sichtbar. Sichtbar wird Wasser erst im kondensierten Zustand in Form von Nebel oder Tröpfchen. Die umgangssprachliche Bezeichnung „Dampf" für den sichtbar aufsteigenden „Nebel" über Kochtöpfen z. B. ist daher gedanklich irreführend.

 **PROFI-TIPP**

Wasserdampf ist ein nicht sichtbarer Bestandteil der Luft.

In realer Druckluft ist immer Wasserdampf vorhanden, die Menge wird durch die Feuchte ausgedrückt. Dabei unterscheidet man zwischen der absoluten Feuchte, die angibt, wie viel Gramm Wasserdampf sich pro m³ in der Luft befindet, und der relativen Feuchte. In der Umgangssprache redet man meist über die Luftfeuchtigkeit und meint damit die in Prozent gemessene relative Feuchte, die das Verhältnis der absoluten Feuchte zur maximalen Feuchte darstellt.

Die maximale Feuchte bezeichnet die Menge an Wasserdampf, die 1 m³ Luft bei einer bestimmten Temperatur maximal enthalten kann. Die maximale Feuchte ist in dem für das Handwerk relevanten Druckbereich unabhängig vom Druck! Somit kann beispielsweise 1 m³ einer auf 8 bar verdichteten Luft nicht mehr Wasser aufnehmen als 1 m³ entspannte Luft.

Bei maximaler Feuchte ist die Luft gesättigt, die Luftfeuchtigkeit beträgt 100 %. Mit steigender Temperatur kann die Luft mehr Feuchtigkeit aufnehmen, mit sinkender Temperatur dagegen weniger.

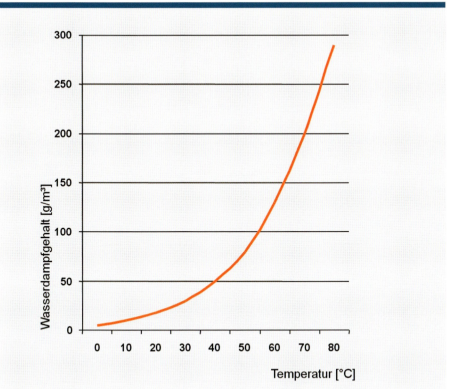

**Bild 130**
Wassergehalt in Abhängigkeit von der Temperatur

Erläuterungen zu Bild 130:

| Temperatur | Wasserdampfgehalt |
|---|---|
| −40 °C | 0,11 g/m$^3$ |
| −20 °C | 0,88 g/m$^3$ |
| +3 °C | 5,95 g/m$^3$ |
| +7 °C | 7,73 g/m$^3$ |
| +10 °C | 9,41 g/m$^3$ |
| +35 °C | 39,65 g/m$^3$ |
| +50 °C | 83,08 g/m$^3$ |

Wird mit Wasserdampf beladene Luft abgekühlt, so setzt Nebelbildung (d. h. Kondensation des Wasserdampfes) ein, sobald die Temperatur unter den Taupunkt sinkt. Der Taupunkt beschreibt den Sättigungszustand, bei dem die Luft bei einer bestimmten Temperatur mit der maximalen Feuchte beladen ist. Somit ist die Angabe des Taupunktes gleichzeitig die Angabe des dazugehörigen Wassergehalts in g/m$^3$.

Der Drucktaupunkt (DTP) als relevante Größe für Druckluftqualität macht somit eine Aussage über den Wassergehalt der Druckluft und ist gleichzeitig ein Maß dafür, wie weit die Druckluft abgekühlt wer-

**PROFI-TIPP**

Der Drucktaupunkt in °C gibt an, bis zu welcher Temperatur Druckluft abgekühlt werden kann, ohne dass das darin enthaltene Wasser kondensiert.

den kann, ohne dass Kondensation stattfindet und somit Wasser in flüssiger Form ausfällt. Ein niedriger Drucktaupunkt weist immer auf einen niedrigen Wassergehalt der Druckluft hin.

Bei Druckluft ist dies eine wichtige Größe, da der natürliche Wassergehalt in der atmosphärischen Luft, die der Kompressor ansaugt, zunächst nicht verändert wird. Nur das Volumen der Luft wird reduziert, so dass im Verdichtungsvorgang der prozentuale Wassergehalt – die relative Feuchte – steigt. Da gleichzeitig auch die Temperatur im Kompressor ansteigt (siehe heiß werdende Fahrradluftpumpe), kann die Luft in diesem Zustand relativ große Wassermengen ohne Kondensation in sich behalten. Doch unmittelbar nach dem Austritt aus dem Kompressor setzt die Abkühlung der Luft ein und es fällt Kondensat aus. Kondensat ist somit ein unvermeidbarer Begleiter der Drucklufttechnik.

# C | Schallemissionen und Geräusche

Die Geräuschentwicklung von Maschinen ist als erhebliches Problem im täglichen Berufsleben vorhanden. Dabei tauchen bei Lautstärkeangaben in aller Regel zwei Begriffe auf, die meist nicht sauber voneinander getrennt werden und somit für Unklarheit sorgen.

Es sind dies

- der Schalldruckpegel und
- der Schallleistungspegel

Außerdem wird für die Angabe von Lautstärken eine ungewöhnliche Einheit verwendet, das Dezibel (dB). Diese Einheit ist nicht wie die meisten unserer gebräuchlichen Größen linear, d.h., ein 100-facher Wert wird mit einem Faktor 100 beschrieben, sondern die Messgröße ist in einer logarithmischen Skalierung aufgebaut. Begründet liegt dies in der Eigenschaft des menschlichen Ohrs, Geräusche wahrnehmen zu können, die sich in der Intensität um mehr als 6 Zehnerpotenzen, d.h. mehr als um den Faktor 1.000.000, unterscheiden. Um im Umgang mit diesen großen Unterschieden dennoch „handliche" Zahlen zu bekommen, wurde das dB eingeführt, das sich über den Zehnerlogarithmus berechnet.

| Situation | Schalldruck p | Schalldruckpegel Lp |
|---|---|---|
| Hörschwelle | $2 \times 10^{-5}$ Pa | 0 dB |
| ruhiges Atmen | $6 \times 10^{-5}$ Pa | 10 dB |
| normale Unterhaltung | $2\text{-}6 \times 10^{-3}$ Pa | 40-60 dB |
| Fernseher, 1 m entfernt in Zimmerlautstärke | $2 \times 10^{-3}$ Pa | ca. 60 dB |
| Stationärer Kolbenkompressor | $2 \times 10^{-1}$ Pa | ca. 80 dB |
| Schallgedämmter Kolbenkompressor | | ca. 70 dB |
| Schraubenkompressor | | ca. 60–75 dB |
| Gehörschäden bei langfristiger Einwirkung | $6 \times 10^{-1}$ Pa | ab 90 dB |
| Diskothek, Presslufthammer, 1 m entfernt | 2 Pa | 100 dB |
| Gehörschäden bei kurzfristiger Einwirkung | ab 20 Pa | ab 120 dB |

Tabelle 19
Schalldruck und Schalldruckpegel

Meist wird bei den Analysen noch der Zusatz „A" verwendet, also dB(A). Dieses A ist eine zusätzliche Angabe, die sich auf die Messvorschrift bezieht. Theoretisch gibt es außerdem auch noch die Methoden B und C, doch diese spielen in der Praxis keine Rolle. A hat sich durchgesetzt, so dass bei Angaben zum Geräusch bei Maschinen in aller Regel davon ausgegangen werden kann, dass es sich um dBA handelt, egal ob dieser Zusatz vorhanden ist oder nicht.

Nun zurück zu Schalldruck und Schalldruckpegel:

Der Schalldruckpegel (auch Schalldruck genannt) ist die Lautstärke, die ein Kompressor oder ein Druckluftwerkzeug erzeugt. Die dB-Werte beim Schalldruckpegel sind immer an den Abstand von der Schallquelle gebunden.

Aufgrund der Berechnungsformel $L_p = 20 \times \lg p/p_0$ ergibt sich für den Schalldruckpegel:

+ 6 dB $\widehat{=}$ Verdoppelung des Schalldruckes
+ 20 dB $\widehat{=}$ Verzehnfachung des Schalldruckes

Schalldruckpegel ab 60 dB beeinträchtigen die Verständigung, ab 80 dB ist eine Verständigung nur noch durch Schreien möglich. In der Nachfolgeregelung der UVV Lärm (Unfallverhütungsvorschrift) gibt es seit 2007 die neue Grenze 80 dB, ab welcher ein Gehörschutz zur Verfügung zu stellen ist (ab 85 dB ist das Tragen dann Pflicht!).

**Tabelle 20**
Schallleistung und Schallleistungspegel

| Situation | Schallleistung W | Schallleistungspegel Lw |
|---|---|---|
| Kühlschrank | $10^{-7}$ W | 50 dB |
| normale Unterhaltung | $10^{-5}$ W | 70 dB |
| laute Sprache | 0,001 W | 90 dB |
| mobile Kompressoren |  | ca. 90–97 dB |
| mobile Kolbenkompressoren schallgedämmt |  | ca. 60–90 dB |
| Schlagschrauber |  | ca. 100–120 dB |
| Ausblaspistole |  | ca. 80–120 dB |
| Kettensäge | 0,1 W | 110 dB |
| Presslufthammer | 1 W | 120 dB |
| Lautsprecher, Rockkonzert | 100 W | 140 dB |

Und jetzt zu Schallleistung und Schallleistungspegel:

Der Schallleistungspegel wird aus dem Schalldruck errechnet und ist ca. 20 dB höher als der Schalldruckpegel in 4 m Entfernung.

Aufgrund der Berechnungsformel $L_w = 10 \lg W/W_0$ ergibt sich für den Schallleistungspegel:

+ 3 dB ≙ Verdoppelung der Schallleistung
+ 10 dB ≙ Verzehnfachung der Schallleistung

Somit besteht folgender Unterschied: Bei Maschinen, die im Inneren eines Gebäudes betrieben werden, wird der Schalldruckpegel in dB angegeben und +6 dB entsprechen somit einer doppelten Lautstärke.

**PROFI-TIPP**

Wenn eine Maschine im Inneren von Gebäuden betrieben werden soll, so muss vom Hersteller stets der Schalldruckpegel in 1 m Entfernung angegeben werden.

**PROFI-TIPP**

Bei Maschinen und Geräten, bei denen ein Einsatz im Außenbereich, z. B. auf einer Baustelle, angenommen werden kann, muss der Schallleistungspegel angegeben werden.

# D Normen, Gesetze, Vorschriften und Sicherheitsbestimmungen

Bei Maschinen, die im Außenbereich eingesetzt werden, wird der Schallleistungspegel in dB angegeben und +3 dB entsprechen einer doppelten Lautstärke.

In der Praxis ist dieser Unterschied jedoch nur wenig relevant, weil der Mensch nicht angeben kann, wann doppelte Lautstärke oder halbe Lautstärke erreicht ist. Wir haben keinen Sensor dafür, wie auch nicht bei unseren anderen Sinnen. Wann ist es z. B. doppelt so hell oder wann ist es uns halb so kalt?

Es lohnt sich jedoch trotzdem, auf die dB-Angaben der Hersteller zu achten und möglichst leise Geräte zu kaufen, da wir sehr wohl zwischen lauteren und leiseren Geräuschen unterscheiden können. Haben Sie keinen abgetrennten Kompressorraum oder verwenden Sie einen Baustellenkompressor, sollten Sie einen möglichst leisen Kompressor einsetzen.

a) UVV Lärm (VGB 121)
b) Arbeitsstätten-Verordnung
c) Gerätesicherheitsgesetz
d) Maschinenrichtlinie 89/392/EWG, neue Fassung
e) Outdoor-Richtlinie RL 2.000/14/EG
f) DIN-ISO 8573-1 Druckluftklassen
g) TÜV-Bestimmungen Druckbehälter
h) Wasserhaushaltsgesetz (Kondensat)

**zu a) UVV Lärm:**

Die UVV Lärm, die seit 1974 galt, wurde am 9. März 2007 durch die „Lärm- und Vibrations-Arbeitsschutzverordnung" ersetzt. Sie setzt die EG-Richtlinie Lärm (2003/10/EG) national um.

Interessant für alle Arbeitgeber und Mitarbeiter ist die Absenkung der sogenannten „Auslösewerte" für Präventionsmaßnahmen gegen Lärm: War bislang ab 85 dBA Gehörschutz bereitzustellen und ab 90 dBA bestand Tragepflicht, so sind es jetzt 80 dBA, ab denen der Arbeitgeber die Mitarbeiter über die Gefahren durch Lärm unterweisen und Gehörschutz bereitstellen muss. Ab 85 dBA ist das Tragen des Gehörschutzes dann Pflicht, die Lärmbereiche müssen gekennzeichnet werden und es müssen regelmäßig Vorsorgeuntersuchungen veranlasst werden.

Weitere Informationen dazu siehe z. B. www.bg-laerm.de.

Für Vibrationen werden in dieser Verordnung ebenfalls neue Grenzwerte gesetzt. Sowohl für die Einwirkungsdauer als auch für die Schwingungswerte gelten Grenzwerte, die für den Arbeitgeber verpflichtend einzuhalten sind.

Speziell alte oder technisch veraltete Druckluftwerkzeuge, Billigimporte etc. überschreiten die seit 2007 geltenden Grenzwerte zum Teil deutlich. Der Auslösewert für Maßnahmen liegt nun bei 2,5 m/s$^2$, der Grenzwert für einen 8-Stunden-Tag bei 5,0 m/s$^2$. Sind die Vibrationen der Maschinen trotz entsprechender Maßnahmen höher, so muss der Arbeitgeber die Einwirkungsdauer reduzieren, die Ursachen ermitteln, regelmäßige Vorsorgeuntersuchungen veranlassen etc.

Bei den Herstellerangaben ist außerdem darauf zu achten, dass tatsächlich die in der Richtlinie geforderte gemittelte Vibration über alle drei Raumrichtungen angegeben wird und nicht wie oftmals üblich nur die Vibration in einer Richtung. Die Messungen selbst sind aufwändig und können in der Regel nicht selbst ausgeführt werden. Die Messgröße ist die Schwingbeschleunigung der Hand an der Oberfläche des Werkzeugs und wird in der Einheit m/s$^2$ ausgedrückt. Näheres siehe auch unter www.bg-metall.de.

In Internet stehen Hilfsmittel zu Verfügung, welche die Berechnung der zulässigen Arbeitszeit bei gegebener Vibration erleichtern (Expositions-Rechner). Z. B. unter www.hvgb-de

Beispiel:

Ein Schleifer mit einer Vibration von 7 m/s$^2$ darf nur 1 h am Tag benutzt werden, um den Auslösewert 2,5 m/s$^2$ einzuhalten. Maximal 4 h sind gerade noch erlaubt, um den Grenzwert 5,0 m/s$^2$ einzuhalten.

**zu b) Arbeitsstätten-Verordnung**

Die Arbeitsstätten-Verordnung legt fest, was der Arbeitgeber beim Einrichten und Betreiben von Arbeitsstätten in Bezug auf die Sicherheit und den Gesundheitsschutz zu beachten hat. Weitere Infos siehe www.bmas.de

**zu c) Gerätesicherheitsgesetz**

Das Gerätesicherheitsgesetz (GSG) wurde am 1. Mai 2004 durch das Geräte- und Produktsicherheitsgesetz (GPSG) abgelöst. Damit wurde die europäische Richtlinie über Produktsicherheit national umgesetzt. Das Gesetz sieht für Hersteller und für Händler von Geräten umfassende Informations- und Identifikationspflichten vor. Des weiteren wurden bereits verschiedene Verordnungen nach dem GPSG erlassen, die das Thema Druckluft betreffen, z. B.:

| | |
|---|---|
| 6. GPSGV: | Druckbehälter |
| 9. GPSGV: | Maschinenverordnung |
| 14. GPSGV: | Druckgeräteverordnung |

Weitere Infos siehe z. B. unter: www.druckgeraete-online.de.

D Normen, Gesetze, Vorschriften und Sicherheitsbestimmungen

## zu d) Maschinenrichtlinie 89/392 EWG

Die ab dem 29.12.2009 neu gefasste Maschinenrichtlinie soll verstärkt dem Gesundheitsschutz und der Sicherheit des Maschinenanwenders dienen und stellt die Reduzierung von Lärm und Vibrationen sowie die Steigerung der Ergonomie von Maschinen in den Mittelpunkt. Weitere Infos siehe z. B. unter: www.maschinenrichtlinie.de.

## zu e) Outdoor-Richtlinie RL 2.000/14/EG

Definiert die Messverfahren für Maschinen, die im Außenbereich eingesetzt werden bezüglich Laustärke.

## zu f) Wasserhaushaltsgesetz (Kondensat)

Auszug aus dem Wasserhaushaltsgesetz (WHG):

„§ 7a Anforderung an das Einleiten von Abwasser

(1) Eine Erlaubnis für das Einleiten von Abwasser darf nur erteilt werden, wenn die Schadstofffracht des Abwassers so gering gehalten wird, wie dies bei Einhaltung der jeweils in Betracht kommenden Verfahren nach dem Stand der Technik möglich ist ..."

⇨ Öl-Wasser-Separatoren von Markenherstellern sind meist nach Wasserhaushaltsgesetz WHG § 7a zugelassen!

## zu g) TÜV-Bestimmungen Druckbehälter

| Prüf-gruppe | Druck-inhalts-produkte | Aufstellungsprüfung | | Wieder-kehrende Prüfungen | Innere Prüfung | Festig-keits-prüfung |
|---|---|---|---|---|---|---|
| | | Ohne Baumuster | Mit Baumuster | | | |
| GIP | 0<50 | kann entfallen | kein Baumuster erforderlich | befähigte Person | Legt der Betreiber fest | |
| I | 50<200 | kann entfallen | kein Baumuster erforderlich | befähigte Person | Legt der Betreiber fest | |
| II | 200<1.000 | Sach-verständiger | a) fahrbare Komp.: kann entfallen b) stat. Komp.: befähigte Person | befähigte Person | alle 5 Jahre | alle 10 Jahre |
| III | 1.000<3.000 | Sach-verständiger | kein Baumuster möglich | Sach-verständiger | alle 5 Jahre | alle 10 Jahre |
| IV | >=3.000 | Sach-verständiger | kein Baumuster möglich | Sach-verständiger | alle 5 Jahre | alle 10 Jahre |

Tabelle 21
TÜV Bestimmungen Druckbehälter

# E | Berechnungsbeispiele

## E.1 Berechnungsbeispiel eines Druckluft-Kältetrockners

Die Leistungsangaben von Kältetrocknern beziehen sich auf bestimmte Referenzbedingungen, die in der Praxis kaum eingehalten werden. Hersteller bieten daher Korrekturtabellen an.

Beispiel:

| p(bar) | 5 | 6 | 7 | 8 | 9 | 10 | 11 | 12 | 13 | 14 | 15 |
|---|---|---|---|---|---|---|---|---|---|---|---|
| $f_1$ | 0,90 | 0,95 | 1,0 | 1,04 | 1,07 | 1,10 | 1,12 | 1,14 | 1,16 | 1,18 | 1,20 |

Bei anderen Drucklufteintrittstemperaturen T den Volumenstrom multiplizieren mit Faktor $f_2$:

| T(°C) | 30 | 35 | 40 | 45 | 50 |
|---|---|---|---|---|---|
| $f_2$ | 1,25 | 1,0 | 0,85 | 0,75 | 0,60 |

Bei anderen Umgebungstemperaturen Tu den Volumenstrom multiplizieren mit dem Faktor $f_3$:

| $T_u$ (°C) | 25 | 30 | 35 | 40 | 45 |
|---|---|---|---|---|---|
| $f_3$ | 1,0 | 0,96 | 0,92 | 0,88 | 0,80 |

Praktisches Beispiel:

Sie haben einen Kompressor mit 1.000 l/min effektiver Liefermenge. Die Einsatzbedingungen am Trockner sind:

10 bar  Betriebsdruck
45 °C   Lufteingangstemperatur

Referenzbedingungen
- 7 bar Betriebsdruck
- 35 °C Lufteingangstemperatur
- 25 °C Umgebungstemperatur

Beachten Sie die am Aufstellungsort vorhandenen Betriebsbedingungen, z. B. auch in den Sommermonaten sowie die Lieferleistung des Kompressors.

Beispieltabelle vom Hersteller:

Bei anderen Betriebsdrücken p den Volumenstrom multiplizieren mit Faktor $f_1$:

35 °C   Umgebungstemperatur (im Sommer)

Ein Trockner für 1.000 l/min, der laut Hersteller bei Referenzbedingungen den geforderten Drucktaupunkt von +3 °C einhalten würde, wäre bei diesen Einsatzbedingungen überfordert, der erreichte Drucktaupunkt wäre höher, d. h. es wäre mehr Wasser in der Druckluft. Die Korrekturfaktoren ergeben folgenden maximalen Volumenstrom für diesen Trockner:

1.000 x 1,1 x 0,75 x 0,92 = 759 l/min

Um zu berechnen, für welche Liefermenge ein Trockner bei diesen Einsatzbedingungen ausgelegt sein muss, um den 3 °C Drucktaupunkt zu halten, teilen Sie die Zahlenwerte wie folgt:

1.000 : 1,1 : 0,75 : 0,92 = 1317 l/min

Um die gegenüber den Referenzbedingungen geänderten Einsatzbedingungen auszugleichen benötigen Sie also mindestens einen Trockner, der für 1.300 l/min ausgelegt ist.

### E.2 Berechnungsbeispiel einer Druckluft-Ringleitung

Zur Auslegung von Druckluftleitungen bieten Hersteller entsprechende Tabellen an. Allen Armaturen werden Ersatz-Rohrleitungslängen zugeordnet.

Außerdem ist zu klären, ob es sich um eine Stichleitung oder eine Ringleitung handelt. Für die Dimensionierung einer Stichleitung ist die gesamte Länge, für die Dimensionierung einer Ringleitung die halbe Länge der gesamten Leitung in Rechnung zu stellen.

Beispiel:

Sie haben einen maximalen Druckluftbedarf von 2.000 l/min und planen eine Ringleitung mit einer Gesamtlänge von 200 m. Folgende Armaturen sind eingeplant.

| | |
|---|---|
| 1 Kugelhahn | 1 ¼" |
| 4 Winkel | 1 ¼" |
| 8 T-Stücke | 1 ¼" |

Die Länge der Druckluft-Rohrleitung (halbe Länge der Ringleitung) ist somit um die Ersatz-Rohrleitungslänge zu korrigieren:

| | | | | |
|---|---|---|---|---|
| 1 Kugelhahn | 1 ¼" | 0,5 m | = | 0,5 m |
| 4 Winkel | 1 ¼" | 2,0 m | = | 8,0 m |
| 8 T-Stücke | 1 ¼" | 2,5 m | = | 20,0 m |

Die korrigierte Länge beträgt somit 100 m + 28,5 m = 128,5 m.

Aus den Tabellen der Hersteller lassen sich dann die notwendigen Rohrdurchmesser herauslesen. In unserem Beispiel ergibt sich, dass ein Alu-Rohr mit 28 mm Durchmesser ausreichend dimensioniert ist.

**Ersatz-Rohrleitungslängen für Armaturen**

Betriebsüberdruck 7 bar, Δ P (max.) 0,2 bar, Strömungsgeschwindigkeit (max.) 10 m/s

| Armatur | Vergleichbar mit | 3/8" | 1/2" | 3/4" | 1" | 1 1/4" | 1 1/4" | 1 1/2" | 2" | 2 1/2" |
|---|---|---|---|---|---|---|---|---|---|---|
| ø | innen | 12 | 14 | 18 | 24 | 28 | 32 | 38 | 50 | 63 |
| ø | außen | 15 | 18 | 22 | 28 | 32 | 40 | 50 | 63 | 80 |
| Kugelhahn | | 0,1 | 0,2 | 0,3 | 0,4 | 0,5 | 0,5 | 0,6 | 0,7 | 0,8 |
| Winkel | | 0,7 | 1,0 | 1,3 | 1,5 | 2,0 | 2,0 | 2,5 | 3,5 | 4,0 |
| Rohrkrümmer r=d | | 0,1 | 0,2 | 0,3 | 0,3 | 0,4 | 0,4 | 0,5 | 0,6 | 0,9 |
| Rohrkrümmer r=2d | | 0,1 | 0,1 | 0,1 | 0,2 | 0,2 | 0,2 | 0,3 | 0,3 | 0,4 |
| T-Stück | | 0,8 | 1,0 | 1,5 | 2,0 | 2,5 | 2,5 | 3,0 | 4,0 | 5,0 |
| Reduzierstück 2d auf d | | 0,4 | 0,5 | 0,5 | 0,6 | 0,7 | 0,7 | 0,8 | 1,0 | 1,5 |

Tabelle 22
Ersatz-Rohrleitungslängen

**Tabelle 23**
Ringleitung
Aluminium

# Ringleitung Aluminium

Betriebsüberdruck 7 bar, $\Delta$ P (max.) 0,2 bar, Strömungsgeschwindigkeit (max.) 10 m/s

| | Länge der Leitung | | | | | | | | | | |
|---|---|---|---|---|---|---|---|---|---|---|---|
| Liefermenge des Kompressors | 25 m | 50 m | 75 m | 100 m | 150 m | 200 m | 250 m | 300 m | 400 m | 500 m | 750 m | 1000 m |
| 100 l/min | 15 | 15 | 15 | 15 | 15 | 15 | 15 | 15 | 18 | 18 | 18 | 18 |
| 200 l/min | 15 | 15 | 15 | 15 | 15 | 18 | 18 | 18 | 18 | 18 | 22 | 22 |
| 300 l/min | 15 | 15 | 15 | 18 | 18 | 18 | 18 | 18 | 22 | 22 | 22 | 22 |
| 400 l/min | 15 | 15 | 18 | 18 | 18 | 18 | 22 | 22 | 22 | 28 | 28 | 28 |
| 500 l/min | 15 | 18 | 18 | 18 | 22 | 22 | 22 | 28 | 28 | 28 | 28 | 28 |
| 1000 l/min | 18 | 18 | 22 | 22 | 22 | 22 | 28 | 28 | 28 | 28 | 32 | 32 |
| 1500 l/min | 22 | 22 | 22 | 22 | 28 | 28 | 28 | 32 | 32 | 32 | 32 | 32 |
| 2000 l/min | 22 | 22 | 28 | 28 | 28 | 28 | 32 | 32 | 32 | 32 | 40 | 40 |
| 3000 l/min | 28 | 28 | 28 | 28 | 32 | 32 | 32 | 32 | 40 | 40 | 40 | 40 |
| 4000 l/min | 28 | 28 | 32 | 32 | 32 | 32 | 40 | 40 | 40 | 40 | 50 | 50 |
| 5000 l/min | 28 | 32 | 32 | 32 | 32 | 40 | 40 | 40 | 40 | 50 | 50 | 50 |
| 6000 l/min | 32 | 32 | 32 | 40 | 40 | 40 | 40 | 50 | 50 | 50 | 50 | 63 |
| 8000 l/min | 32 | 32 | 40 | 40 | 40 | 40 | 50 | 50 | 50 | 63 | 63 | 63 |
| 10000 l/min | 40 | 40 | 40 | 40 | 50 | 50 | 50 | 63 | 63 | 63 | 63 | 63 |
| 12000 l/min | 40 | 40 | 50 | 50 | 50 | 50 | 63 | 63 | 63 | 63 | 63 | 63 |
| 15000 l/min | 40 | 50 | 50 | 50 | 63 | 63 | 63 | 63 | 63 | 63 | 63 | >63 |
| 20000 l/min | 50 | 50 | 63 | 63 | 63 | 63 | 63 | 63 | >63 | >63 | >63 | >63 |

### E.3 Berechnungsbeispiel eines Kolbenkompressors:

Praxisbeispiel: Kfz-Handwerkerbetrieb mit 6 Mitarbeitern in der Werkstatt und einem Luftbedarf gemäß Tabelle 24

| Anzahl der Mitarbeiter | Gleichzeitigkeitsfaktor |
|---|---|
| 2 | 0,96 |
| 4 | 0,90 |
| 6 | 0,85 |
| 8 | 0,80 |

Effektiver Luftbedarf bei 6 Mitarbeitern (MA) ist daher

307,4 l/min x 0,85 = 261 l/min

Hinzu kommen aus Erfahrungswerten Zuschläge für

| Leckage | (10 %) | 26 l/min |
| Reserve | ($\approx$ 35 %) | 92 l/min |

so dass sich ein Luftbedarf von rund

**380 l/min** ergibt.

Bei Kolbenkompressoren ist die maximale Einschaltdauer von 70 % zu berücksichtigen, so dass der Kompressor eine Liefermenge von 380 l/min: 0,7 $\approx$ 540 l/min haben sollte.

Alle verwendeten Druckluftwerkzeuge benötigen einen maximalen Arbeitsdruck von 7 bar, so dass ein 10-bar-Kompressor ausreicht.

E Berechnungsbeispiele

| Werkzeug | Luftbedarf | Auslastung | eff. Luftbedarf |
|---|---|---|---|
| 2 x Schlagschrauber | 6 l/s | 20 % | 144 l/min |
| 1 x Winkelschleifer | 380 l/min | 10 % | 38 l/min |
| 1 x Stabschleifer | 300 l/min | 10 % | 30 l/min |
| 1 x Meißelhammer | 220 l/min | 10 % | 22 l/min |
| 1 x Spritzpistole | 200 l/min | 25 % | 50 l/min |
| 3 x Ausblaspistole | 1,3 l/s | 10 % | 23,4 l/min |
| Summe | | | 307, 4 l/min |

Tabelle 24
Beispiel einer Luftbedarfsermittlung

Für dieses Berechnungsbeispiel ergibt sich somit ein Kolbenkompressor mit einem Maximaldruck von 10 bar und einer Liefermenge von 540 l/min.

Der Kompressor steht zwar in einem Nebenraum, da aber in diesem hin und wieder auch gearbeitet wird, sollte eine schallgedämpfte Ausführung in die Auswahl gezogen werden.

**Berechnung der Behältergröße:**

Jedes Schaltspiel (= Ein-Ausschalt-Zyklus) bedeutet eine Belastung für den Elektromotor, wobei nach VDE bei Motoren bis 22 kW bis zu zwölf Schaltspiele pro Stunde als normale Belastung anzusehen sind. Der Differenzdruck, der zum Schalten führt, beträgt standardmäßig 2 bar, so dass das Schaltspiel zwischen 8 bar Einschaltdruck und 10 bar Ausschaltdruck stattfindet.

Betrachten wir hierzu z.B. einen Kompressor, der 520 l/min liefert und einen 270-l-Behälter aufweist:

**Berechnung der Kompressor-Standzeit:**

Behältergröße x Differenzdruck = Puffer
270 x 2 = 540

Puffer : eff. Luftbedarf* = Standzeit
540 : 380 = 1,4 min
*(ohne 70 % Einschaltdauer!)

**Berechnung der Kompressor-Laufzeit:**

Effektive Liefermenge – eff. Luftbedarf = Überschuss
520–380 = 140

Puffer : Überschuss = Laufzeit
540 : 140 = 3,8 min

**Berechnung der Schaltspiele:**

Standzeit + Laufzeit = Schaltspiel
1,4 + 3,8 = 5,2 min

60 min : Schaltspiel = Schaltspiele/h
60 : 5,2 = 11,5

11,5 Schaltspiele sind als normale Belastung anzusehen. Somit würde ein Kompressor mit einer Liefermenge von 520 l/min und einem Behälter von 270 l die Anforderungen dieser Kfz-Werkstatt mit einer gewissen Reserve optimal erfüllen.

Sind jedoch stark erhöhte Luftbedarfe zur Reifenwechselphase im Frühjahr und im Herbst zu erwarten, so ist über diesem Spitzenbedarf eine zusätzliche Betrachtung anzustellen und ggf. ein Beistellkompressor/ein größerer Behälter/ein größerer Kompressor zu planen.

### E.4 Berechnungsbeispiel Druckluftfilter

Ein Kompressor liefert 600 l/min mit 10 bar Druck. Reicht dafür ein Filter aus, der unter Referenzbedingungen für 700 l/min gedacht ist?

Die Korrekturtabelle des Herstellers sieht folgende Werte vor:

(Bei anderen Betriebsdrücken als 7 bar den Volumenstrom mit Faktor f multiplizieren)
Es gilt somit: 700 l/min x 1,19 = 833 l/min

Der Filter reicht somit gut aus, er könnte bei 9 bar bis zu 833 l/min filtern.

**Tabelle 25**
Korrekturtabelle für einen Druckluftfilter, der außerhalb der Referenzbedingung 7 bar betrieben wird

| $P_{(bar)}$ | 1 | 2 | 3 | 4 | 5 | 6 | 7 | 8 | 9 | 10 |
|---|---|---|---|---|---|---|---|---|---|---|
| f | 0,14 | 0,53 | 0,65 | 0,76 | 0,84 | 0,92 | 1,0 | 1,07 | 1,13 | 1,19 |

# F | Tabellenverzeichnis

| | | |
|---|---|---|
| Tabelle 1 | Qualitätsklassen nach DIN ISO 8573-1 | 54 |
| Tabelle 2 | Welche Druckluftklasse für welche Anwendung? | 55 |
| Tabelle 3 | Einsatz von Filtern bei Druckluftanwendungen im Handwerk | 85 |
| Tabelle 4 | Welche Baugröße an Wartungseinheiten für welchen Volumenstrom? | 86 |
| Tabelle 5 | Vor- und Nachteile verschiedener Bauarten von Kondensatableitern | 98 |
| Tabelle 6 | Abhängigkeit der Energiekosten vom Rohrleitungsdurchmeser | 110 |
| Tabelle 7 | Vor- und Nachteile der Installation eines Trockners vor dem Druckluftbehälter | 111 |
| Tabelle 8 | Vor- und Nachteile der Installation eines Trockners nach dem Druckluftbehälter | 112 |
| Tabelle 9 | Zusätzliche Stromkosten infolge von Leckagen | 118 |
| Tabelle 10 | Welche Anwendung benötigt welchen Druck? | 122 |
| Tabelle 11 | Relativer Luftverbrauch in Abhängigkeit vom Fließdruck am Werkzeug | 123 |
| Tabelle 12 | Einsparpotenziale durch Warmluft-Wärmerückgewinnung bei Schraubenkompressoren | 127 |
| Tabelle 13 | Einsparpotenziale durch Warmwassererwärmung bei Schraubenkompressoren | 129 |
| Tabelle 14 | Eigenschaften verschiedener Kompressorenöle | 134 |
| Tabelle 15 | Vergleich von Elektro-, Akku- und Druckluftwerkzeugen | 142 |
| Tabelle 16 | Größen, Abkürzungen und Einheiten in der Drucklufttechnik | 146 |
| Tabelle 17 | Druckeinheiten im Vergleich | 147 |
| Tabelle 18 | Vergleichswerte von Grad Celsius und Kelvin | 148 |
| Tabelle 19 | Schalldruck und Schalldruckpegel | 153 |
| Tabelle 20 | Schallleistung und Schallleistungspegel | 154 |
| Tabelle 21 | TÜV Bestimmungen Druckbehälter | 157 |
| Tabelle 22 | Ersatz-Rohrleitungslängen | 159 |
| Tabelle 23 | Ringleitung Aluminium | 160 |
| Tabelle 24 | Beispiel einer Luftbedarfsermittlung | 161 |
| Tabelle 25 | Korrekturtabelle für einen Druckluftfilter, der außerhalb der Referenzbedingung 7 bar betrieben wird | 162 |

## G  Literatur

Handbuch der Drucklufttechnik, 6. Ausgabe, Atlas Copco

Seminar Unterlagen Schneider Airsystems

Drucklufttechnik, Grundlagen, Tipps und Anregungen, Kaeser

Druckluft effizient, VDMA, Fraunhofer

Druckluft im Handwerk, Energie sparen, Bayerisches Landesamt für
    Umweltschutz

Druckluft-Kompendium von Boge, Hoppenstedt-Verlag

Pneumatische Steuerungen, Kurt Stoll, Vogel Fachbuch

Untersuchung von Druckluftanlagen in Handwerksbetrieben, Bayerisches Landes-
    amt für Umweltschutz

Pneumatik Grundstufe Arbeitsbuch TP101, FESTO Esslingen

Druckluftqualität, Liste empfohlener Reinheitsklassen. VDMA Einheitsblatt
    Nr. 15390 vom März 2004.

Volles Rohr für mehr Produktivität, Installationsleitfaden für Luftwerkzeuge,
    Atlas Copco

# H  ABC der Druckluft – Fachwörter und Begriffe

| Fachwort/Begriff | Erläuterung |
|---|---|
| Abluft | Druckluft, die nach ihrer Kraftabgabe in die Atmosphäre strömt |
| Ansaugleistung | Das vom Verdichter pro Zeiteinheit angesaugte Luftvolumen in l/min (m³/h) |
| Ansaugvolumen | Luftmenge in l (m³) im Ansaugzustand |
| Atmosphärischer Druck | Luftdruck, gemessen in Meereshöhe = 1.013,02 Millibar bzw. hPa, entspricht einer Quecksilbersäule von 760 mm Höhe, 0 °C oder 1,033 kp/cm² |
| atü | Atmosphärischer Überdruck, Atü kann gesetzlich nicht mehr verwendet werden; 1 atü = 1 kp/cm² = 0,980665 bar |
| Ausschaltbetrieb | Verdichter schaltet automatisch bei einem vorgewählten Mindestdruck im Behälter ein und bei erreichtem vorgewählten Höchstdruck wieder aus (Gegensatz: Dauerbetrieb) |
| Aussetzbetrieb | Verdichter schaltet bei Erreichen des eingestellten Höchstdrucks im Behälter auf Leerlauf, bei Mindestdruck wieder auf volle Leistung |
| bar | Angabe des atmosphärischen Luftdrucks in Millibar oder Hektopascal: 1 atm = 1.013,25 Millibar = 1,01325 bar; in pneumatischen Steuerungen: Überdruck pü 1 bar = $10^3$ Millibar = $10^5$ Pa (Pascal) = $10^5$ N/m² (Newton/m²), 1 bar = 1,01972 kp/cm² (atü) |
| Betriebsdruck | Druck, mit dem eine Druckluftanlage oder ein Druckluftgerät arbeitet |
| Drossel | In eine Leitung eingebaute konstante oder verstellbare Einschnürung |
| Druckabfall | Druckdifferenz (Druckverlust) zwischen zwei Messpunkten eines Gerätes oder einer Leitung |
| Druckluft | Luft, die höher als die atmosphärische Luft verdichtet ist |
| Druckluftmotor | Ein durch Druckluft angetriebener, rotierender Antrieb |
| Druckluftspeicher | Behälter, in dem Druckluft bis zu einem Höchstdruck, der angegeben werden muss, gespeichert wird |

| Fachwort/Begriff | Erläuterung |
|---|---|
| Druckminderventil | Ventil, das den Druck im Ablauf unabhängig vom höheren Druck im Zulauf konstant hält. Wird eingesetzt, um den Leitungsdruck auf den gewünschten Betriebsdruck zu reduzieren; meist mit angebautem Manometer |
| Druckregler | Gebräuchliche Bezeichnung für das Druckminderventil |
| Druckschalter | Gerät, das bei Erreichen des eingestellten Drucks in bar elektrische Kontakte öffnet oder schließt und so eine Steuerfunktion ausübt |
| Druckwächter | Bezeichnung für Druckschalter |
| Fittings | Rohrleitungsverbindungsteile aller Art |
| Netz | Bezeichnung für Druckluftversorgungleitungen |
| NW | Nennweite, lichter Durchmesser einer Rohrleitung, Ventil usw. |
| Öler | Ölnebel-Schmiergerät für Druckluft zur Verringerung der Reibung an gleitenden Teilen innerhalb pneumatischer Systeme und zur Verhinderung von Korrosion |
| Ölnebel | Im Öler erzeugter Ölnebel, mit dem die durchströmende Druckluft angereichert wird und damit die gleitenden Teile in einer pneumatischen Steuerung schmiert |
| O-Ring | Besondere Art von Rundschnurring als elastisches Dichtungselement mit kreisförmigem Querschnitt |
| psi | pounds per square inch. (Engl.) Dimension für Luftdruck, 1 bar = 14,50 psi, 1 kp/cm² = 14,79 psi. 1 psi = 0,07 bar = 0,068 kp/cm² |
| Reduziernippel | Gewindestück mit verschieden großen Gewindeanschlüssen, z.B. G ¾ auf G ½ |
| Ringleitung | In sich geschlossenes Druckluftnetz, verringert Druckabfall |
| Rückschlagventil | Sperrventil, das in einer Strömungsrichtung den Durchgang selbsttätig sperrt |
| Schalldämpfer | Gerät zur Verminderung des Geräuschs, das durch das Ausströmen von Druckluft ins Freie entsteht |

| Fachwort/Begriff | Erläuterung |
|---|---|
| Strömungs-geschwindigkeit | Wirtschaftliche Strömungsgeschwindigkeit von Druckluft in Leitungen etwa 10 m/s, höhere Strömungsgeschwindigkeit ergibt zu großen Druckabfall. |
| Verdichter | Arbeitsmaschinen (Kompressor) zur Förderung bzw. Verdichtung von gasförmigen Medien |
| Wasserabscheider | Gerät zum Abscheiden und Sammeln von Kondenswasser aus dem Druckluftnetz |

## I  Bildquellenverzeichnis

Allen Copyright-Inhabern wird für die Erteilung der Abdruckgenehmigungen herzlich gedankt:

- BEKO TECHNOLOGIES GMBH, 41468 Neuss
- Claudius Peters Projects GmbH, 21614 Buxtehude
- Dr. Ing. Gössling Maschinenfabrik GmbH, 46510 Schermbeck
- Dynabrade Europe Sàrl, Luxembourg
- FELCO Deutschland GmbH, 71691 Freiberg/Neckar
- Festool GmbH, 73240 Wendlingen a. N.
- GEORG KESEL GMBH & CO. KG, 87435 Kempten
- Georg Kirsten GmbH & Co. KG, 54427 Kell am See
- Gruse Maschinenbau GmbH & Co. KG, 31855 Aerzen
- Horst Weiberg Technische Produkte e.K., 73061 Ebersbach
- J. Wagner GmbH, 88677 Markdorf
- J. D. NEUHAUS GmbH & Co. KG, 58449 Witten
- Lechler GmbH, 72555 Metzingen
- Mannesmann Demag, MD Drucklufttechnik GmbH & Co. KG, 70499 Stuttgart
- Polzer Anlagentechnik GmbH, 35745 Herborn
- PSZ Pumpen, 42489 Wülfrath
- Reka-Klebetechnik GmbH & Co. KG, 76344 Eggenstein
- Schneider Druckluft GmbH, 72770 Reutlingen
- TAMPOPRINT AG, 70825 Korntal-Münchingen